“十四五”国家重点出版物出版规划项目
交通运输科技丛书·公路基础设施建设与养护
交通运输重大科技创新成果库入库成果

公路交通气象与智慧公路建设

朱宝林　张英亮　徐　强　张　萌　娄胜利　编著

人民交通出版社
北京

内 容 提 要

目前，公路交通气象在智慧公路建设中所产生的影响日益显著，也越来越受到公路交通运输建设者和组织管理者的重视。本书结合著作者近年在公路交通气象领域所做的大量研究，全面且系统地从公路交通气象与公路交通气象服务、智慧交通与智慧公路建设、智慧公路建设对公路交通气象服务需求分析、恶劣气象条件下公路网运营态势分析、公路交通气象预警预报系统以及应对恶劣气象的交通安全解决方案六个关键方面，深入阐述了公路交通气象与智慧公路建设的内在联系，并对相关技术应用与案例进行深度分析，旨在为公路交通气象在智慧公路建设方面提供参考依据。

本书可作为公路管理部门管理人员、公路交通工程技术人员、公路交通气象领域研究人员的参考用书。

图书在版编目(CIP)数据

公路交通气象与智慧公路建设 / 朱宝林等编著.
北京:人民交通出版社股份有限公司，2025.9.
ISBN 978-7-114-20032-8
Ⅰ. P49;U412.36
中国国家版本馆 CIP 数据核字第 2025DM1340 号

Gonglu Jiaotong Qixiang yu Zhihui Gonglu Jianshe

书　　名：公路交通气象与智慧公路建设
著 作 者：朱宝林　张英亮　徐　强　张　萌　娄胜利
责任编辑：牛家鸣
文字编辑：卢　珊
责任校对：赵媛媛　武　琳
责任印制：张　凯
出版发行：人民交通出版社
地　　址：(100011)北京市朝阳区安定门外外馆斜街 3 号
网　　址：http://www.ccpcl.com.cn
销售电话：(010)85285857
总 经 销：人民交通出版社发行部
经　　销：各地新华书店
印　　刷：北京建宏印刷有限公司
开　　本：787×1092　1/16
印　　张：12.75
字　　数：230 千
版　　次：2025 年 9 月　第 1 版
印　　次：2025 年 9 月　第 1 次印刷
书　　号：ISBN 978-7-114-20032-8
定　　价：110.00 元

交通运输科技丛书

编审委员会

（委员排名不分先后）

《公路交通气象与智慧公路建设》

编写委员会

主　　任：朱宝林

副 主 任：张英亮　徐　强　张　萌　娄胜利

委　　员：李洪印　李　波　边　莉　孟　昌　魏明惠
于志庆　谷云辉　于　悦　郑　茂　王新慧
杨万里　张洪伟　曹艳华　王姿懿　杨丽萍
霍发明　谢　霞　王天岳　王胜军　孟素各
霍东辉　李　馨　肖　锐　程　鑫　朱　强
雷谦荣　霍成军　王旭纪　王艳光　刘　杰
任志鹏　于炳立　王　曈　杨　可　周　蒙
霍艳艳　张　昊　郭树银　田　园　赵海英

GENERAL FOREWORD | 总　序

科技是国家强盛之基，创新是民族进步之魂。中华民族正处在全面建成小康社会的决胜阶段，比以往任何时候都更加需要强大的科技创新力量。党的十八大以来，以习近平同志为核心的党中央做出了实施创新驱动发展战略的重大部署。党的十八届五中全会提出必须牢固树立并切实贯彻创新、协调、绿色、开放、共享的发展理念，进一步发挥科技创新在全面创新中的引领作用。在最近召开的全国科技创新大会上，习近平总书记指出要在我国发展新的历史起点上，把科技创新摆在更加重要的位置，吹响了建设世界科技强国的号角。大会强调，实现"两个一百年"奋斗目标，实现中华民族伟大复兴的中国梦，必须坚持走中国特色自主创新道路，面向世界科技前沿、面向经济主战场、面向国家重大需求。这是党中央综合分析国内外大势、立足我国发展全局提出的重大战略目标和战略部署，为加快推进我国科技创新指明了战略方向。

科技创新为我国交通运输事业发展提供了不竭的动力。交通运输部党组坚决贯彻落实中央战略部署，将科技创新摆在交通运输现代化建设全局的突出位置，坚持面向需求、面向世界、面向未来，把智慧交通建设作为主战场，深入实施创新驱动发展战略，以科技创新引领交通运输的全面创新。通过全行业广大科研工作者长期不懈的努力，交通运输科技创新取得了重大进展与突出成效，在黄金水道能力提升、跨海集群工程建设、沥青路面新材料、智能化水面溢油处置、饱和潜水成套技术等方面取得了一系列具有国际领先水平的重大成果，培养了一批高素质的科技创新人才，支撑了行业持续快速发展。同时，通过科技示范工程、科技成果推广计划、专项行动计划、科技成果推广目录等，推广应用了千余项科研成果，有力促进了科研向现实生产力转化。组织出版"交通运输建设科技丛书”,是推进科技成果公开、加强科技成果推广应用的一项重要举措。“十二五”期间,该丛书共出版72册,全部列入“十二五”国家重点图书出版规划项目,其中12册获得国家出版基金支持,6册获中华优秀出版物奖图书提名奖,行业影响力和社会知名度不断扩大,逐渐成为交通运输高端学术交流和科技成果公开的重要平台。

“十三五”时期,交通运输改革发展任务更加艰巨繁重,政策制定、基础设施建设、运输管理等领域更加迫切需要科技创新提供有力支撑。为适应形势变化的需要,在以往工作的基础上,我们将组织出版“交通运输科技丛书”,其覆盖内容由建设技术扩展到交通运输科学技术各领域,汇集交通运输行业高水平的学术专著,及时集中展示交通运输重大科技成果,将对提升交通运输决策管理水平、促进高层次学术交流、技术传播和专业人才培养发挥积极作用。

当前,全党全国各族人民正在为全面建成小康社会、实现中华民族伟大复兴的中国梦而团结奋斗。交通运输肩负着经济社会发展先行官的政治使命和重大任务,并力争在第二个百年目标实现之前建成世界交通强国,我们迫切需要以科技创新推动转型升级。创新的事业呼唤创新的人才。希望广大科技工作者牢牢抓住科技创新的重要历史机遇,紧密结合交通运输发展的中心任务,锐意进取、锐意创新,以科技创新的丰硕成果为建设综合交通、智慧交通、绿色交通、平安交通贡献新的更大的力量!

2016年6月24日

PREFACE | 前　言

1949 年至 2023 年底，我国公路里程从 8 万 km 增加到 543.68 万 km，70 多年增长了近 70 倍。1988 年我国大陆第一条高速公路沪嘉高速公路正式通车。2023 年底，我国高速公路通车里程达 18.4 万 km，稳居世界第一。随着我国由“交通大国”向“交通强国”的定位转变，“智慧公路”应运而生。而进行“智慧公路”建设，公路交通气象又是其中无法回避的一个课题。研究公路交通气象与智慧公路建设的内在联系，可使公路交通气象服务为智慧公路建设提供更大助力，使公路交通气象信息为交通运输行业管理者科学决策提供数据支撑，对降低公路网运营风险，提高公路网通行效率，保障公路交通基础设施安全，开展公路交通气象与智慧公路建设研究有着重要的社会意义和经济意义。以全面感知、深度融合、主动服务、科学决策为目标，建立健全公路交通运输动态气象信息服务体系，深度挖掘公路交通运输气象相关数据，从而更好地形成问题分析模型，推动实现资源优化配置、公共决策科学、公众服务及时，使公路交通运输的进行和发展更安全、更高效、更便捷、更经济、更环保、更舒适，并带动相关产业转型升级。

本书第 1 章至第 3 章，梳理了公路交通气象和智慧公路建设的背景，结合国内外公路交通气象与智慧公路建设的现状，论证公路交通气象研究的必要性。第 4 章至第 7 章，结合著作者长期以来在公路交通气象和智慧公路领域的研究基础和主持参与的工程项目积累，从智慧公路建设对公路交通气象服务需求、恶劣气象条件下公路网运营态势、公路交通气象预警预报系统三个方面进行分析。第 8 章，给出了技术应用与案例分析，以胶州湾跨海大桥气象大数据技术应用项目和气象大数据技术应用项目为依托，进一步验证公路交通气象在智慧公路建设中应用的有效性和适应性。

由于著作者水平有限，书中难免存在纰漏和不足，希望广大读者批评指正。

朱宝林

2024 年 9 月

CONTENTS | 目　录

CHAPTER ONE

第1章

概论

随着国民经济的发展,社会各界对公路交通运输在“高速、高效、安全、舒适”上有了更高的要求,而现代公路交通运输体系的有序运转在很大程度上受气象因素的影响和制约。由于暴雨、暴雪、公路结冰、团雾等不利气象条件导致的公路基础设施损毁、交通延误、交通事故频发、环境污染等问题也越来越受到社会各界重视。在全球气候变暖导致气象灾害频次增加、强度增强的大背景下,气象变化对公路交通运输的影响更为显著,直接或间接地反映在局部路段能见度低,局部路段路面积雪、结冰造成的路面湿滑,局部路段公路基础设施损毁等方面。气象变化所造成的问题,已经成为当今威胁公路安全运营的最大非人为因素,是公众出行的重大安全隐患。因此,开展公路交通气象服务是确保公众安全、便捷出行,保障人民生命财产安全的重要课题。而建立长期、稳定、可靠的公路交通气象服务系统,最大限度地减少气象灾害对交通的不利影响、确保公路交通运输更好地为经济发展和公众出行服务,具有重要的意义。

近年来我国各地气象主管部门对公路交通气象服务高度重视,经过充分论证和调研后纷纷建立公路气象服务系统,以提升公路交通气象服务能力。上海、江苏、广东以及河北等省(直辖市)针对部分公路在公路交通气象科研开发和预报服务工作上开展了大量研究,这些工作为公路交通气象实时监测、预警、预报、服务平台开放和业务系统建设提供了良好的科学基础。公路交通气象是一个交叉学科,涉及气象、交通、通信、计算机等多个学科领域,具有较高的技术复杂性。目前全国有很多省(自治区、直辖市)自主研发了相应的软件系统,但在功能的完整性和性能的稳定性等方面还不能完全满足需求。随着全国交通基础设施的不断发展和完善,公路交通气象服务需求与供给的矛盾越来越突出,公路交通气象预报服务产品的精细化需求也逐步增大。与发达国家相比,我国公路交通气象公共服务水平还有很大差距。

随着数字中国、新型智慧城市建设浪潮的兴起,为应对未来国民经济发展需求,应积极开展公路基础设施配套研究,使公路基础设施建设更智能。我国各级行政主管部门高度重视智慧交通发展,出台了诸多政策法规,逐步明确智慧公路的建设方向及重点,提出了“要建设交通基础设施和信息化基础设施两个体系,开展综合运输智能管控与协同运行关键技术研究,统筹公路信息化建设”等。随着政策法规的下达,“智慧公路”一词也成为新时代公路建设的热点词汇。

本书旨在研究公路交通气象与智慧公路建设的内在联系,剖析国内外公路交通气象支撑智慧公路建设的案例,为公路交通气象在下一步智慧公路建设中如何应用提供参考。

1)公路的发展历程

从18世纪至今,世界各国都面临由机械制造时代、电气自动化时代向数字时代转变,由农业社会向信息社会转变,智慧城市、智慧交通等新型理念孕育而生。其中智慧公路是智慧交通的缩影,是智慧交通的实施载体。智慧公路的本质仍是公路,只不过是一条“更聪明的公路”,这条“更聪明的公路”是智慧交通时代到来的必然产物。早期的公路仅仅承担通行的功能,使区域之间互联、互通,而现如今,智慧信息化时代下要求公路承担更多功能,它是交通、城市发展、旅游以及产业经济发展纽带和连接桥梁,更多关注“以人为本,强调公路与生态环境友好”。公路发展历程如图1-1所示。

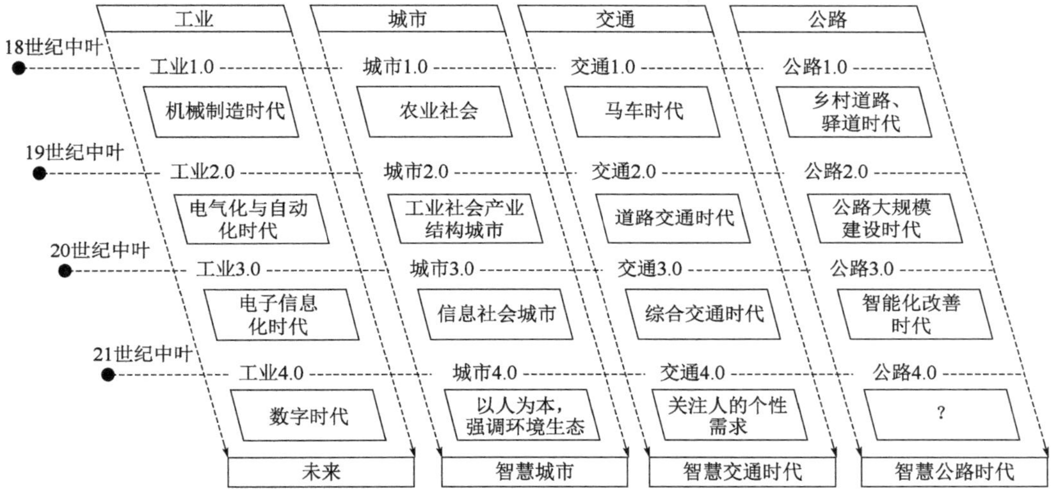

图1-1 公路发展历程

在快速发展的数字经济和高科技智慧化时代,应追本溯源,回归智慧公路的本质,以公路的发展态势和启示去思考未来智慧公路建设的破题之径。因此,我们需要从当下公路发展的阶段、特点,以及面临的问题和挑战着手。

2)当下公路发展态势

公路是国民经济和社会发展的重要基础设施,是连接城市群、区域发展的经济纽带,在国家综合交通运输网中具有非常重要的位置。截至2023年底,各项统计数据如下:全国公路里程543.68万km,同比增加8.20万km。公路密度56.63km/100km^2,同比增加0.85km/100km^2(图1-2)。全国四级及以上等级公路里程527.01万km,同比增加10.76万km,占公路里程比重为96.9%、提高0.5个百分点。其中,二级及以上等级公路里程76.22万km、增加1.86万km,占公路里程比重为14.0%、提高0.1个百分点;高速公路里程18.36万km、增加0.64万km,国家高速公路里程12.23万km、增加0.24万km

(图1-3)。全国国道里程38.40万km,省道里程40.41万km。农村公路里程459.86万km,其中县道里程69.67万km、乡道里程124.28万km、村道里程265.91万km。全国公路桥梁107.93万座、9528.82万延米,同比增加4.61万座、952.33万延米,其中特大桥10239座、1873.01万延米,大桥17.77万座、4994.37万延米。全国公路隧道27297处、3023.18万延米,同比增加2447处、344.75万延米,其中特长隧道2050处、924.07万延米,长隧道7552处、1321.38万延米。

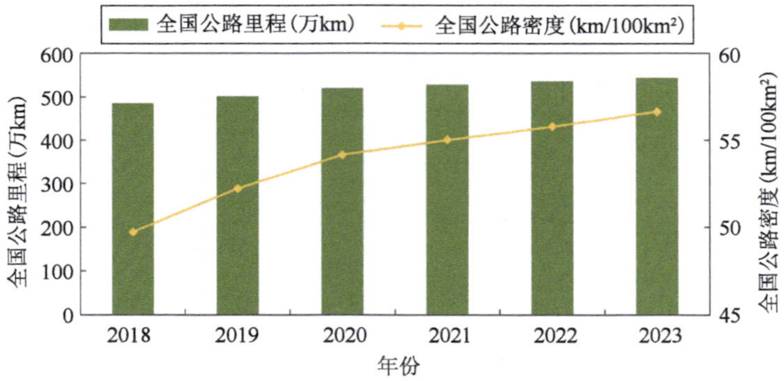

图1-2　2018—2023年全国公路里程及公路密度
数据来源:《2023年交通运输行业发展统计公报》。

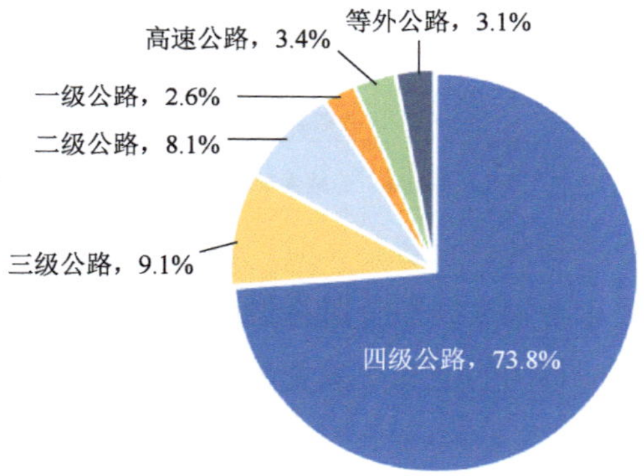

图1-3　2023年年末全国公路里程分技术等级构成
数据来源:《2023年交通运输行业发展统计公报》。

从当前公路的发展态势总结以下几点:

(1)公路发展模式已从“增量扩充”向“存货提质”转变

“十四五”是交通运输基础设施发展、服务水平提高和转型发展的黄金时期。2023年全年完成公路固定资产投资28240亿元,同比下降1.0%。其中,高速公路完成15955亿元、同比下降1.9%,普通国省道完成6136亿元、同比增长1.0%,农村公路完成4843

亿元、同比增长0.7%。全年全国832个脱贫县完成公路固定资产投资7183亿元。公路发展模式已从“增量扩充”向“存量提质”转变(图1-4)。

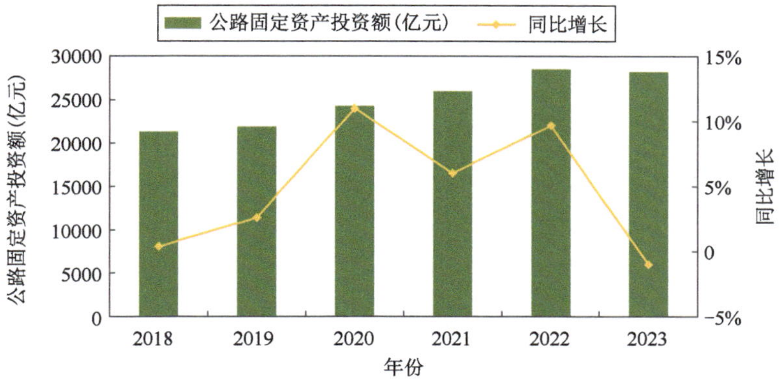

图1-4 2018—2023年公路固定资产投资额及增长速度

数据来源:《2023年交通运输行业发展统计公报》。

(2)公路交通流量持续增长,重要节点拥堵状况尤为严重

截至2023年底,全国拥有公路营运汽车1226.20万辆。分结构看,拥有载客汽车55.24万辆、1638.29万客位,同比减少0.18万辆、8.95万客位;拥有载货汽车1170.97万辆、17216.71万吨位,同比增加4.30万辆、249.38万吨位,其中,普通货车358.71万辆、4434.51万吨位,同比减少28.98万辆、281.68万吨位,专用货车68.68万辆、817.75万吨位,同比增加5.25万辆、64.03万吨位,牵引车370.37万辆、同比增加16.19万辆,挂车373.20万辆、同比增加11.84万辆(图1-5、图1-6)。全国国道观测里程38.40万km,机动车年平均交通量为14993辆/日,同比增长4.9%,年平均行驶量为348692万车公里/日,同比增长3.6%。重点时段、重点廊道交通流量远超平均值,拥堵状况尤为严重。例如:许广高速公路在2023年春节期间的日均交通量为6.7万辆,峰值达到12万辆。虽然许广高速公路部分路段的道路为双向六车道,设计日交通量为4.5万~8万辆,但塔岭枢纽至铁市枢纽段,道路为双向四车道,导致此段通行能力下降,形成流量瓶颈。沪昆高速公路湖南段的道路同样为双向四车道,设计日交通流量为2.5万~5.5万辆,节假日高峰时段,日交通流量达到6.5万辆,部分节点达到8万辆,超饱和运行。因此,提升重要节点、重要廊道的公路管控水平与通行效率,是我国智慧公路建设的重要任务。

(3)公路交通事故数量居高不下,亟须通过智慧化手段提高安全管控水平

2023年,我国道路交通事故发生起数达254738,交通事故死亡人数达60028、受伤人数达253895,交通事故直接财产损失达117933.4万元。其中,机动车事故211974起,非机动车事故38685起。综合2015年至今的道路交通事故统计数据得到如下规律,公路

交通事故约占事故总起数的 50% ~60%,但公路交通事故死亡人数却占总死亡人数的60% ~70%。因此,公路安全依然是建设智慧公路首要攻克的问题。

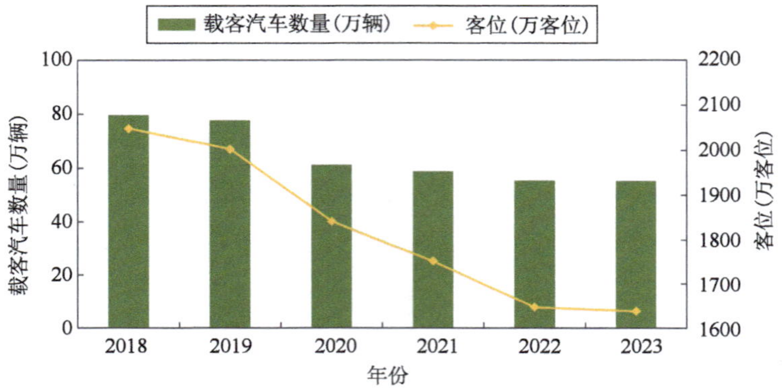

图 1-5　2018—2023 年全国载客汽车拥有量
数据来源:《2023 年交通运输行业发展统计公报》。

图 1-6　2018—2023 年全国载货汽车拥有量
数据来源:《2023 年交通运输行业发展统计公报》。

(4)公路养护及运营成本较高,管控效率有待进一步提高

近年来,交通运输领域更加注重稳定有效投资,2024 年我国交通固定资产投资保持高位运行。其中,公路固定资产投资于 2022 年达 28527 亿元,创历史新高,2023 年完成公路固定资产投资 28240 亿元,同比下降 1.0%。公路支出费用中,公路养护及运营管理费用占比较大。以广东省为例,除了必要的公路本息偿还外,公路养护及运营管理费用占比最高。基础设施建设、维护、管养以及全过程公路资产管理对于提升公路管控水平和决策效率具有一定意义,理应是下一步公路建设的重点方向。

CHAPTER TWO

第2章

公路交通气象与公路交通气象服务

2.1 气象条件对公路交通的影响

影响公路交通的气象要素是雨、雾、雪、冰、霜、大风和气温等。其中雨、雾、雪、气温是主要影响因素。例如:浙江省丽水市处于中亚热带,季风影响显著,温暖湿润,雨量充沛,年总降水量可达1400mm左右,四季分明。各类天气时发生交通事故的百分比为:晴天占64.95%,阴天占13.57%,雨天占20.62%,雾天占0.46%,雪天占0.37%,大风占0.03%;而吉林省白山市各类天气时发生交通事故的百分比为:晴天占44.0%,雨天占27.8%,雪天占22.9%,雾天占5.3%。由此可见,各地由于所处的地理位置不同,各种天气所引起的交通事故比例也是各不相同的。

各种气象因素对交通的影响如下:

(1)温度。高温时,黑色沥青混凝土路面吸取热量,地表温度高于空气温度。温度过高时,沥青路面会出现变软或者泛油现象,此时路面不仅承载能力减弱,而且易发生变形。这种情况下,行车的舒适度将受到严重影响,而且容易导致车辆偏离行驶路线,大大增加了交通事故发生的概率。此外,高温环境下,轮胎内的气压增大致使爆胎概率增加,若出现爆胎,非常容易导致严重的交通事故。不仅如此,高温还使得车辆易发生抛锚或自燃现象,可能引发交通事故,对人们的生命财产安全构成重大威胁。

低温会使路面开裂,造成路面不连续,给降水下渗提供通道;气温转暖时路面翻浆使路面湿滑,降低路面对轮胎的黏附力,驾驶人员为应对不良路况,变道行驶次数增多,进而干扰交通秩序,存在交通事故隐患。当温度低于0℃后,尤其在桥梁及涵洞路段,路面很容易出现结冰、结霜情况,导致车辆打滑失控进而发生交通事故。此外,当温度过低时,汽车燃油不易点燃,润滑剂的性能也会变差,使汽车机械性故障的发生率大大增加,抛锚、追尾的问题接连出现。

(2)雾。雾是悬浮于大气中的大量水滴或冰晶,是水平能见度小于1km的天气现象。在引起交通事故的恶劣天气中,雾的影响最大。雾常被称为公路上最凶狠的“刽子手”。首先,它是造成高速公路低能见度的主要原因,当出现能见度低于150m的浓雾时,会严重影响视程,驾驶人员无法清楚判别方向,易导致车辆相撞事故。在雾中行驶,低能见度往往引起数辆甚至数十辆汽车追尾相撞,造成人员伤亡。其次,雾水和公路上积累的油与泥土混合,会使轮胎与路面的附着力减小,使车轮打滑,从而增加制动距离。

(3)雨。降雨对交通的影响是引起路面打滑。由于雨水的浸润,特别是因路面降温而引起的路面结冰导致路面摩擦系数减小，可能使汽车制动距离增加、侧滑可能性增加，方向控制失灵而危及行车安全。同时降雨也会导致能见度不良，从而加重了对公路交通的影响。降雨对交通的影响与降雨强度以及降雨量有密切关系。一般来说，降雨强度越强、量级越大，对路况和车辆正常行驶产生的影响也就越大。比如，当有暴雨的时候能见度大大降低，刮水器常常不能及时刮尽风窗玻璃上的雨水，从而造成驾驶人员视线模糊；暴雨对交通设施起到了直接的破坏作用；暴雨常伴有雷电，形成雷雨天气，驾乘人员和车辆易遭雷击。降雨天气是影响公路路况最频繁的气象因素，常引起交通事故。

（4）霜。气温低于0℃，空气湿度达到100%时，容易出现凝霜现象。公路路面凝霜时，路面摩擦系数接近于雪面。霜一般发生在夜间至清晨，因此夜间及拂晓行车应特别注意霜对公路交通产生的影响。

（5）雪。雪对公路路况的破坏是气象条件中最明显的，对交通系统的影响也是多方面的。它能使路面变滑，导致交通事故数量上升、运输效率严重下降。当路面积雪达一定厚度时，会阻碍车辆通行，严重时会致使交通完全中断。雨夹雪天气时，路面较普通雨雪天气时更滑，地面温度低于0℃后，路面会形成冰面，对车辆行驶安全影响最大；中雪以上天气，积雪覆盖路面，严重影响车辆的制动性能；暴雪会在路面造成较厚积雪，形成雪阻，迫使汽车在公路上停驶，造成严重交通堵塞，甚至关闭高速公路；微量降雪天气虽对路面的影响低于其他降雪天气，但交通事故发生数量却无明显差别，重大交通事故还略有增多，这可能与驾驶人员的重视程度不够有关。积雪比降雪对公路路况的破坏更大，路面积雪被压实后，路面摩擦系数类似于冰面，更影响交通。积雪厚度达到10cm以上时车辆行驶很不安全，尤其是在我国北方地区，一次中雪量级降雪过程对交通的影响可持续3~5天。路面积雪时，白天气温高于0℃，在阳光照射下雪面融化，夜间路面温度降到0℃以下导致路面结冰，积雪夜冻昼化最易发生交通事故。我国北方冬天发生的交通事故有50%以上直接或间接与降雪天气有关。

（6）冰冻的表现形式主要包括路面冰层、薄冰、冰丘、冰锥等，其主要由降雪或温度变化所致，对交通安全的影响程度较大。在出现冰冻情况下，车辆行驶困难，紧急制动易发生抱死现象。此外，冰冻严重影响路面质量，容易导致路面开裂、起包等问题；待冰冻融化时冰水还会冲破路基沿路漫流，给交通安全带来严重威胁；当冰冻严重时，会使路基下沉，甚至导致塌方、滑坡等问题，进而对行车安全造成影响。

（7）云量。云量变化对公路路面影响不大，阴天一般空气湿度大，路面略微潮湿，车辆可正常行驶。阴天一般气压偏低，人体舒适度差，驾驶人员情绪易受到影响，不利于长距离驾驶。

(8)大风。6级以上大风对车辆行驶有一定的影响,特别是在风口路段,大风会使高速行驶的车辆偏离行车路线,甚至车辆侧翻而诱发交通事故。另外,大风会引起沙尘暴、扬沙、吹雪、浮尘等天气。这些天气影响能见度,特别是沙尘暴,它对能见度的影响仅次于雾。大风天气尤其是台风天气,常常使空中及地面漫布灰尘及散落物,不仅会降低能见度,而且会碰撞车辆,影响驾驶人员的视线及注意力,容易造成交通事故。

(9)沙尘暴。当沙尘暴天气出现时,首先,由于空气浑浊不清,使行车能见度大大降低,对驾驶人员判断路况、行车间距等带来困难;其次,车辆行驶阻力变大,车辆行驶稳定性受到影响,严重时甚至可以导致车辆侧翻,造成严重交通事故;最后,沙尘暴天气会影响驾驶人员情绪,通常会引起恐慌心理,导致交通秩序混乱,引发交通事故。

(10)夜间恶劣天气。在恶劣天气的夜间行驶时,最容易出现交通事故,主要由于驾驶人员视线不良、视野不开阔,很容易产生视线盲区(背光区),从而碰撞视线盲区内停放的车辆、行人或障碍物。

从以上分析可知,气象条件的变化不但能够影响人们的心理,也会造成行车障碍。天气对公路交通的影响主要表现在对路面状况、能见度、行车速度以及车辆本身的影响。其中,能见度是指水平能见度,即视力正常的人在当时天气条件下,能够从天空背景中看到和辨认出目标物(黑色、大小适度)的最大水平距离;夜间则是指能看到和确定出一定强度灯光的最大水平距离,又称气象能见度。

产生不良能见度的天气现象有很多。能见度距离不同时,对交通的影响也不同。另外,还有龙卷风等天气现象,尽管极少出现,但其发生时也能造成不良能见度。

能见度不仅反映出一个地区的大气环境质量,而且与人们的日常生活息息相关,特别是对水路、公路、航空交通运输的制约更为明显。低能见度的出现会给人们带来诸多不便和各种危害,常常是发生交通和飞机起降等重大事故的重要原因。已有研究发现,与气象因子有关的飞行事故中有19.12%是由于能见度较低造成的。因此,探讨和掌握大气能见度的变化特征及其主要影响因素,是实现大气能见度预测预报的基础,是保证交通安全、提高人们生活质量的需要。

综上所述,交通运输在社会生产、生活中起到重要作用,而气象条件会影响交通运输的安全、效率。公路交通安全问题是一个系统性问题,气象条件作为公路交通安全系统的重要因素,对公路交通有着重要的影响,有时甚至是起决定性作用的影响。影响公路交通与气象条件的主要因素有能见度、雾、雨、大风、雪、气温等,而各种气象因子之间又互相联系和影响。因此,气象条件对公路交通的影响,是各种气象要素综合变化和影响的结果,并与公路交通状况密切相关。为了减少交通事故,要加强天气预报工作,让天气预报更好地为公路交通运输管理与使用提供服务。并且交通运输管理部门和机动车驾驶人应根据各种天气环境对交通安全的影响,分别采取相应的安全对策,才能有效提高交通行驶安全水平,防范交通事故发生。因此,深入研究交通与气象的关系,做好公路交通气象预报工作,切实保障交通安全,对社会生产、生活具有重要意义。

2.2　公路交通气象服务研究现状

20 世纪中叶,在西方发达国家逐渐萌芽了一种新兴的经济现象——“气象经济”,从此让国际社会认识到气象与交通密不可分的内在联系。本书除介绍国内外公路交通气象服务研究现状及问题外,也概述公路交通气象主要应用的技术背景和国内外开发环境现状。20 世纪 80 年代,随着世界经济的发展,我国的经济和社会也有了大跨越的发展,对公路交通气象服务的需求日益加大。2004 年中国气象局的《中国气象事业发展战略研究》确定了战略任务,其中一条就是“增强气象对经济社会发展的服务功能,明确了公路交通气象服务的重要性与必要性”。

目前我国各地交通运输主管部门和气象主管部门针对当地公路交通气象、气候特点,开展了多种多样的公路交通气象服务研究。从获悉的资料来看,青海、辽宁、上海、江苏、广西、西藏、陕西、新疆等省(自治区、直辖市)的部分主要公路干线已经建立了公路交通气象服务系统;河北、安徽等省(自治区、直辖市)已经建成高速公路气象监测服务系统。越来越多的地区通过使用公路交通气象服务系统,大幅降低了气象对交通造成的不利影响,减少了由于恶劣天气诱发的交通事故、交通延误等社会问题,加快了公路交通气象科技服务领域的发展。

我国公路交通气象观测站的建设工作逐步进入高速发展阶段,但是在不同地域的应用还存在诸多问题,各地系统大多是各地气象主管部门根据交通运输主管部门按照各自地区天气、气候特点所提需求而匹配研发,因此,公路交通气象系统暂时还未全国完全统一,数据和信息传输方式也各不相同,通信方式、信息发布、预警提示等也存在很大差异。在交通运输气象信息服务发展较早的国家中,美国算是一个代表,有许多经验值得我们借鉴学习,尤其是美国联邦公路管理局所取得的一些成绩。

2.2.1　国外公路交通气象服务研究进展

就国外而言,由于欧美发达国家在公路交通运输气象领域发展起步早,现如今欧美发达国家所研发的公路交通运输气象服务产品在用户体验舒适性、路况信息全面性、信息发布时效性等方面比当前国内的同类型产品要优越。如英国学者所采用的预报站点集群建模的方法，可用以提高冬季高速公路路面温度、湿度等气象要素的预报准确率，减少高速公路事故发生频次。如美国科罗拉多州的在线公路交通系统，针对区域内主要公路开展地图、路况、路线规划、气象预警服务，区域范围小、响应速度较快、服务效果较好。如英国建设的道路气象信息系统，可开展不同天气条件下公路路面湿滑系数研究，辅助公路除冰除雪，以减少交通事故发生频次。尽管如此，国外形象直观的公路沿线综合气象条件服务信息产品相对市场需求依然不足，利用研究成果提供综合性出行参考的社会服务产品仍然有很大发展空间。

国外的交通运输气象领域发展比国内成熟，相配套的交通运输气象服务技术更为完备。一些发达国家，例如瑞典、丹麦、英国、德国、美国、加拿大、日本等，都已经建立了比较成熟的公路交通气象服务系统。瑞典、丹麦、英国和德国等在20世纪80年代初期就已经建立了手动的实时监测预报系统，向公路气象部门提供路面维护气象信息方面的支持。其气象科技人员可以根据从系统得到的资料和其他数值产品提供未来三四个小时内的路面情况预警信息。同时它们也已大都发展了各自的自动公路气象监测预报系统，用以制作未来一天内的降雨量、路面温度等气象要素的预报。它们通过建立上百个公路气象监测站来保障国家公路安全运行，减少因恶劣天气导致的交通运输社会问题，并把公路气象预报纳入气象服务保障系统范畴。

一些发达国家高速公路建设年代早，基础设施配套成熟，公路交通干线网络已经基本形成。同时，气候保障措施也相对完善。发达国家更为注重采用气象信息来支持交通运输管理决策，现如今已开发出规模化的交通运输气象服务系统产品，通过在高速公路上布设传感器、高架摄像机及可变信息标志对公路交通状况进行实时监控，一旦有恶劣天气预警就第一时间通过公路自动监控预警系统和专门的公路广播电台及时将预警信息提供给交通运输管理部门和社会大众，以提醒其采取必要预防措施。为了进一步提高公路交通运输在使用上的安全性，发达国家还先后开展了专项公路监测技术的研究，比如能见度检测、冰雪检测等。长安大学马艳在《不利气候条件下公路行车安全保障系统的研究》中详细介绍了国外的公路交通安全保障体系。

1）美国公路交通气象服务现状

美国联邦公路管理局在交通规划中一直将气象条件作为首要参考因素，优化气象观测网，以获得更加全面、细致、准确的气象资料，为天气预报提供依据。它们将气象保障作为指挥交通、防止交通事故的重要手段，高速公路管理部门根据天气监测信息和专业天气预报，决策高速公路的关闭、开启条件和车速限定。美国科研机构还专门研制了一种利用红外光探测雾气的自动化监测系统，当有雾发生，能见度不好时，它可自动通知监控中心，然后警示牌发出信息要求车辆降低车速。如果达到关闭高速公路的条件，在关闭高速公路的同时，也将提供绕道行驶或者驶离高速公路的信息。美国联邦公路管理局的运输部门针对不同灾害天气的影响特点，结合美国国情制定了一系列管理策略，并开发了一系列不利气候条件下高速公路通行管理方案，形成了各州高速公路恶劣天气通行管理特色。下面介绍一些美国公路交通气象服务的特点。

系统完善：系统集信息收集、传输、模拟和公路天气条件信息发布等功能于一体，功能强大，其中环境传感器能测量出许多与天气和气候相关的数据，如路面路表温度和湿度、风速风向、空气湿度和能见度等行驶环境信息。

设备标准：公路实地检测设备先进且布置密集，应用了当前先进的技术成果，且仍在不断更新。犹他州盐湖城境内3km长的州际公路多雾路段设置有4个检测能见度的仪器和6个车速检测点；弗吉尼亚州在其境内90km长的高速公路多雾路段设置了120个交通流量检测点和50部摄像机；卡罗来纳州的低能见度提示系统布设在库泊河跨江桥梁上，系统包括1个环境检测站、5套散射能见度检测器、若干照明设施、8个闭路电视摄像头、8个动态信息标志、1个远程处理器；田纳西州的低能见度预警系统覆盖了30km公路，设置了2个环境检测站、8套前向散射能见度检测器和44个车辆检测装置。

信息传输快：传感器检测的数据通过光纤传输系统或无线系统（一般针对山区）传输到自动预警系统、交通管理中心、紧急事件管理中心和公路养护部门，从而第一时间为管理决策提供依据。

后处理及时：犹他州在北部浓雾山区的高速公路路段采用除雾技术来增加能见度，装备了70辆喷射液态二氧化碳除雾车。改善后的能见度保持时间一般为3～4h（具体取决于气温和风速）。可在第一时间及时消除不利因素，恢复公路的通行能力。

2）其他发达国家公路交通气象服务现状

日本在处理突发雾天方面形成了一套办法，通过在高速公路安装发射器、控制设备、网络系统以及信号装备组成的预告烟雾警告系统，及时预报不利天气的生成时间和等级，提高预报的准确性和及时性。具体的措施是在高速公路段上安装具有高反光能力的LED（发光二极管）设备，可在雾天300m外看清显示信息，同时通过发声电子显示屏，驾驶人员可了解雾带的宽度、能见度距离和限定的车速，提高驾驶人员的警惕性。

德国也非常重视公路气象预报。一般要求气象部门提供 1 ~ 3d 的预报信息，以便制定公路管理计划。另外，需要当天 2 ~ 24h 气象预报作为更为详细的公路区域气象预报的补充和解释，明确给出 24h 内气象条件在时间和空间上的变化情况，包括公路环境信息和公路路况信息。

英国的不列颠公路管理部门每年支付 5000 万法郎给瑞士气象研究所作为气象服务经费。天气雷达网可监测多种天气信息（包括暴雨、突发性风暴等）并发布警报，对于冻雨、冰雹、雪的监测更加精确，高速公路管理部门可以及时了解公路上的天气状况并采取相应措施。

通过对各国公路交通运输气象服务管理措施的研究和探讨，可以看出许多国家基本上都形成了适合本国特点的交通运输部气象事故预防对策及交通运输气象安全保障措施，能够对本国高速公路的灾害性天气做出应急响应，从而有效控制和降低交通事故的发生率，提高高速公路的运输效率。

2.2.2 国内公路交通气象服务现状

截至 2023 年底，中国公路总里程已达 543.68 万 km、高速公路里程达 18.36 万 km，高速公路里程居世界第一。公路建设规模根据公路运输在综合运输体系中的作用，按其政治、经济、文化、旅游等方面的重要性，结合地理环境条件来确定。中国的公路建设由国家发展和改革委和交通运输部等部门联合划定国家干线公路网，各省、自治区、直辖市根据国家总体规划布局，结合本地区经济发展制定本地区公路网规划，采取多渠道资金来源设计和修建，由交通运输部和下属各省、自治区、直辖市公路部门负责养护、管理。国内公路交通气象服务发展相比欧美国家起步较晚。1996 年，江苏省气象局与沪宁高速公路运营管理部门联合开展了高速公路气象条件监测、预报预警服务等试验工作。1999 年，上海沪杭高速公路松江荣乐路段第一座气象站的建立，标志着我国正式开展公路交通实时气象信息监测工作。2005 年 5 月 29 日，交通部和中国气象局首次联合发布"全国主要干线公路交通气象预报"，标志着我国公路交通气象信息服务工作步入常态化。2010 年 8 月 31 日，交通运输部和中国气象局联合下发了《关于进一步加强公路交通气象服务工作的通知》（交公路发〔2010〕456 号）。2013 年 1 月 8 日，交通运输部、中国气象局印发了《公路交通气象观测站网建设暂行技术要求》。2017 年 7 月 21 日，《人大建议第 3265 号关于制定出台全国性〈路网运行管理办法〉的建议》明确提出要积极开展高速公路交通广播建设及推广，推进公路交通气象观测站网建设，加强与公安、气象、国土等部门信息共享，开展与大型出行服务企业广泛合作，借助互联网、移动互联等新媒体，进一步拓展公路出行信息服务内涵。2021年，中国气象局联合公安部、交通运输部、国家铁路局和国家邮政局共同印发《“十四五”交通气象保障规划》，明确到2025年，聚焦公路、铁路、内河水运、海上交通、多式联运五大重点方向，基本形成多部门协同规划、协同部署、协同实施、协同保障的综合交通气象服务格局。2024年2月4日，中国气象局、公安部、交通运输部联合印发《关于深化高速公路恶劣天气高影响路段优化提升工作的指导意见》（气发〔2024〕23号），启动小型化、精细化、规范化、高性价比的集成式交通气象监测设备相关技术标准的研究工作。中国气象局与交通运输部在2024年和2025年多次联合发布全国主要公路气象预报，为公路交通提供了详细的气象信息，包括气温、降水、风速和天气现象等要素，覆盖全国高速公路网和西部主要国道，联合加强气象灾害期间公路预警响应全过程管理。公路交通气象服务领域的研究，随着各级政府主管部门的重视和社会各界的关注，一直稳步向前发展。

近年来，我国在建设高速公路过程中采用了大量先进技术，尤其在交通工程通信、监控等方面投入了大量资金，建有较完备的交通服务基础设施，在很多领域已达国际先进水平。为了掌握高速公路气候情况，在已建成通车的高速公路上安装气象站、雾天能见度检测仪等检测装置。但由于大部分气象检测设备为进口设备，技术水平较高，设备管理使用中，缺乏必要的维护，相当数量的设备长期闲置，未达到预期水平。

目前，我国高速公路交通运输管理部门在恶劣气候条件下大多采取封路、禁行等保守方法，在春运等特殊时期，公路交通运输管理部门社会舆论压力非常大，对于国民经济发展也有诸多不利影响。不利天气条件下的高速公路运输管理，多采用传统的人工雾情监测、人工疏导等全人工或半人工的管理措施，各类公路气象信息、路况信息不能及时反馈到公路交通运输管理部门和驾驶人员，因而经常在公路交通运输管理部门采取措施之前就已经发生了严重交通安全事故。

2.2.3 我国公路气象服务的不足

我国自上而下、自东至西开展了公路交通气象信息服务平台的建设。2010年8月31日，交通运输部和中国气象局联合下发了《关于进一步加强公路交通气象服务工作的通知》（交公路发〔2010〕456号），要求各地公路交通、气象部门共同推进公路交通气象观测站点网络建设，做好公路交通气象预报预警服务工作，建立健全应急工作联动机制等。2012年12月19日交通运输部和中国气象局联合发布了《公路交通气象观测站网建设暂行技术要求》（交公路发〔2012〕747号），为建设公路交通气象观测站网提供了技术指导和规范。2016年，中国气象局公共气象服务中心与交通运输部路网监测与应急处置中心建立国省两级视频会商机制，提升公路交通恶劣天气预报预警应急处置的保障服务能力。2020 年，公安部、中国气象局联合开展"恶劣天气交通预警处置试点"工作；2022 年起，中国气象局、公安部、交通运输部联合组织恶劣天气高影响路段优化提升专项行动，推进建立以气象预警信息为先导的恶劣天气交通预警处置全业务流程——建立平台、发布预警、现场确认、进行管制并及时反馈，三部门在深度协同联动基础上，实现数据共享和业务互通，形成监测、预警、管控、发布、处置、反馈、评估等管理工作闭环。2024 年，交通运输部联合公安部、中国气象局印发《关于开展全国高速公路恶劣天气高影响路段集中排查的通知》，组织完成新一轮全国高速公路恶劣天气高影响路段核查工作，新增优化提升路段 123 条，制作高影响路段浓雾和道路结冰交通气象灾害风险地图，提升监测预警服务和信息共享水平。但就全国而言，公路交通气象综合服务能力参差不齐。具体表现在：缺少气象信息与公路路段的有机融合；缺少恶劣气象条件对路段影响的深入评估分析与安全行车分析；缺乏针对不同行业用户的定制化服务。

公路运输气象配套的公共设施和服务体系滞后是目前很多地区的基本现状，虽然沿线有很多气象站、能见度检测仪等设施，但却只有部分省区市有比较成熟的系统进行调配分析和预警预报，而且硬件设施存在采购地区不同、技术指标不统一、数量少、使用不当等不足，发挥不了设备本身应有的效益。我国至今未加入国际公路气象委员会（Standing International Road Weather Commission，SIRWEC），这与我国的国际地位及公路运输的容量很不相称。

我国交通基础设施发展较晚，随着各级公路运输主管部门的重视，近年来在很多公路交通气象领域都取得了重要突破，但在配套的软件系统服务上仍然处于基础开发水平。由于我国幅员辽阔，差异明显，对于公路交通气象的研究不能一概而论。随着经济的迅速发展及对公路交通气象服务需求的不断增长，我国在公路交通气象信息研究中引进了许多发达国家和地区的先进技术，同时也积累了大量适用于我国国情的经验。在公路气象信息服务平台的建设中应减少重复建设和重复投入，节约成本和时间，提升效率，尽快使公路交通气象服务渗透到社会各个方面，满足社会需求。

目前我国在公路运输管理应对不利天气条件对交通造成的影响方面存在的不足，可归为以下两方面：

1）气象监控设施管理不足

近年来，随着高速公路基础设施大量新建，在地理信息、气象信息等方面的配套设施研究未能全面跟进，致使诸如能见度仪、信息板等设备的安装位置、布设密度与实际需求存在较大差距，采集到的基础数据离散性较大，未能真实反映实际情况。现今市场上能支持公路交通气象的产品种类多样，技术标准不一。在建设期所采用的先进设备，在后期维护上未能跟进，维护管理人员配备较少，造成管理不当，经过多年的使用，部分设备已经缺失最基本的使用功能。公路交通气象产品与其他交通安全设施产品兼容性开发尚不完善，例如监控系统与收费系统不同，在建设中存在诸多重复投资、资源浪费的情况。我国高速公路雾天通行管理仍多采用传统的人工雾情监测、人工疏导等措施。

2）灾害预警系统不够完备

公路交通运输管理部门多采用气象预报、养护路政、交警巡查、交通监控及紧急电话系统等方式进行灾害识别，这些方法只是简单的识别和预报，不能有效挖掘各种致灾因子来识别灾害的发展趋势，继而不能及时采取对策、控制灾害的发展规模，无法从根本上解决不利气象情况对交通运输造成的影响。

2.3　公路交通气象服务研究内容

2.3.1　公路交通高影响天气监测与预报研究

低能见度、公路积雪、公路结冰是影响我国交通运输安全的主要气象灾害，针对公路能见度、路面温度、路面湿度等的监测与预报研究是目前我国公路交通气象研究领域的一个重要方向。

公路能见度的研究主要集中在影响交通的低能见度特征分析、预报方法和监测技术等方面。一些学者通过对影响交通的低能见度观测及其时空分布特征研究，探讨公路能见度的特征及其与气象条件的关系。雨、雪、雾、霾、沙尘等天气现象都可能导致公路能见度下降。其中，雾对公路能见度的影响最大，同时天气现象对公路能见度的影响有明显的季节性和地域性特征。还有学者选取影响公路能见度的气象要素作为预报因子并确定预报指标，在数值预报的基础上，基于神经网络等统计学方法建立能见度预报模型，在我国华北、华东区域及广东、重庆等省（自治区、直辖市）高速公路能见度预报中取得了较好的应用效果。另外，针对高速公路上团雾的发生规律和区域性特征，江苏、江西等地开展了相关分析和模拟研究。随着卫星监测业务的发展，开展卫星资料在公路能见度监测技术中的应用研究，探讨卫星资料与地面观测资料的融合方法，从而进一步提高公路能见度监测的空间精度也逐渐成为当前研究热点。

路面温度预报研究可归纳为两类:一类是理论模型研究与应用,如气象领域专家学者刘熙明、贾璐、朱承瑛等以太阳辐射能量守恒原理为基础,考虑太阳短波辐射、大气和地面的长波辐射(辐散)以及潜热、感热传输等能量之间的平衡,建立了路面温度数值预报模型,并在浙江、江西等地开展试验。结果表明,路面温度数值模型的预报误差较低,具有较高的应用价值。另一类是统计分析模型,如曲晓黎、马筛艳、田华等根据实测资料以及气温、相对湿度、云量等气象因子与路面温度的关系,建立多元回归统计模型来预报路面温度,并在京石高速公路、沪宁高速公路等区域开展应用试验,取得了较好的预报效果。

2.3.2 公路交通气象灾害影响与风险研究

恶劣天气不仅对交通安全有直接影响,还会导致公路次生灾害的发生。如连续降水或强降水会引发公路路基沉降、公路沿线滑坡、泥石流及其他公路次生灾害,是诱发公路损毁的主要因素之一。开展公路交通气象灾害的风险研究是为满足我国防灾减灾需求而拓展的新方向。目前,我国在公路自然区划、公路损毁预报、公路次生灾害危险性评价和风险评估等方面开展了探索性研究。狄靖月等针对西南地区公路损毁灾害,统计分析降水与灾害的关系并确立影响因子,同时将降水、地质环境与公路损毁风险区划有效结合,建立了公路损毁概率预报模型,为降水对公路损毁灾害的影响和预报提供了客观参考。袁明、陈洪凯等分别结合天山公路、川藏公路沿线的地理环境,采用层次分析法和GIS(地理信息系统)技术建立了公路地质灾害危险性评价模型,为实施公路地质灾害风险防治提供了科学依据。此外,还有专家学者通过开展公路交通气象灾害风险研究,在充分考虑致灾因子、成灾环境、承灾体等多因素影响的基础上,分别针对暴雨、洪涝、大雾等灾害构建了客观、准确的公路交通灾害风险评估模型,为决策部门更有针对性地制定公路交通防灾措施,最大程度减轻和避免气象灾害造成的损失提供客观依据。

2.3.3 公路交通气象标准研究

随着公路交通气象服务的发展,公路交通气象技术标准化体系亟须建立,近年来,我国气象、交通运输管理部门也探索性地开展了一系列工作。2007 年,中国气象局发布气象行业标准《高速公路能见度监测及浓雾的预警预报》(QX/T 76—2007,现已废止),规定了高速公路能见度监测站的设置、设备检定、技术指标、数据采集处理以及能见度等级划分和浓雾的预警预报服务流程。2010 年,发布气象行业标准《高速公路交通气象条件等级》(QX/T 111—2010),规定了影响高速公路交通运行的气象条件等级,为交通运输管理部门的高速公路安全和运营管理工作、气象部门开展高速公路气象监测和预报服务提供依据。2011 年,国家标准《公路交通气象预报格式》(GB/T 27967—2011)发布,规定了公路交通气象预报格式的结构和用语。2015 年,国家标准《雾天高速公路交通安全控制条件》(GB/T 31445—2015)发布,规定了雾天高速公路交通控制等级、封闭条件和交通控制措施。2015 年发布的国家标准《冰雪天气公路通行条件预警分级》(GB/T 31443—2015)规定了冰雪天气公路通行条件预警分级级别及其划分,旨在提高公路交通在冰雪天气下的安全性和通行效率。辽宁、贵州、青海等地也针对当地特点研究制定了一系列地方标准。2017 年,吉林省发布的《高速公路行车安全气象等级》(DB22/T 2728—2017)规定了高速公路行车安全气象等级的术语和定义、影响因素、等级划分和气象条件。2021 年,浙江省发布的《高速公路交通气象观测站建设技术规范》(DB33/T 2342—2021)规定了高速公路交通气象观测站及其建设相关的术语和定义,交通气象观测站布设、数据技术要求,观测站运行与维护要求等。2023 年,内蒙古自治区发布的《公路交通气象服务规范》(DB15/T 3125—2023)规定了影响公路交通条件、等级划分、产品内容、产品格式和服务流程。

2.4　公路交通气象服务进展

21 世纪以来,我国的公路交通气象服务已经取得长足进展,专业化和精细化水平有很大程度的提高,已初步形成集监测、预警预报以及公路交通气象灾害防控于一体的公路交通气象服务体系。

2.4.1　公路交通气象监测服务

近年来,我国公路交通气象观测站的建设工作逐步进入高速发展阶段。江苏、安徽等省率先在华东区域高速公路沿线建成带有能见度传感器的监测站点,随后,北京、天津、辽宁、河北等省(直辖市)也陆续布设公路交通气象观测站。但我国公路交通气象观测站仍存在分布不均的问题,中西部地区公路交通气象观测站的密度和覆盖程度都远低于东部地区。

为此,在考虑公路沿线地形条件和气象条件的均一性、相似性等的基础上,气象部门利用全国干线公路周边的高密度地面气象观测数据,基于公路网信息,应用 GIS 技术对国家气象站、区域自动气象站进行筛选,与公路气象观测站共同组成了全国主要公路交通气象观测站网,在一定程度上弥补了我国公路气象观测站网的不足。该站网覆盖了连接我国大部分地级以上城市的55条全国主要干线公路，其中，中东部地区以高速公路为主，西部地区以等级公路为主。在业务服务中已实现公路沿线降水、气温、风速、能见度、路面状态（路面高温、积水、积雪、结冰）等共9类28种气象、路面要素的实时监测和信息共享。随着气象卫星资料的广泛应用，我国公路交通气象监测业务也将逐步发展成地基、空基相结合的综合观测系统。

基于全国主要公路交通气象观测站网观测资料，中国气象局公共气象服务中心利用多源数据融合和公路反演等方法，研发了能见度、小时雨量、风力、气温和相对湿度等气象要素的《全国公路交通气象监测服务产品》，可反映影响公路路段气象、路面要素的实时路况。

2.4.2 公路交通气象预报服务

目前，我国公路交通气象预报业务以短期预报为主，辅以短时临近预报和预警。如国家级气象服务主管部门每日制作发布的《全国主要公路气象预报》，是从影响公路运输的气象条件出发，提供未来24h受雾、雨、雪、沙尘暴、雷暴等天气影响的全国主要公路路段气象预报。北京市气象局针对京津塘高速公路、京沈高速公路、京沪高速公路定时发布公路交通气象短期预报。河北省气象局为京津冀区域提供行车气象指数等级、路面结冰等级、路面结冰持续时间、爆胎气象指数等8种短期预报产品。辽宁省气象局定时发布未来24h全省高速公路能见度预报和路况预报。此外，针对可能或正在出现的突发性、局地性的公路交通气象灾害，气象部门利用观测站气象监测和雷达监测等手段，及时提供分灾种、分级别的公路交通气象灾害短时临近预报；当预报有雾、台风、暴雪等灾害性天气并对区域公路网影响达到一定程度时，中国气象局与交通运输部也适时开展公路气象预警服务，联合发布《重大公路气象预警》通知，指导交通运输管理部门提前做好应对。

为满足日益增长的公路交通气象预报精细化、专业化需求，2017年6月15日，全国公路交通气象精细化预报指导产品正式下发至各省（自治区、直辖市）气象局。该产品空间分辨率可达到乡镇级路段，填补了我国基于公路路段、高时空分辨率的交通气象预报服务产品的空白，为形成全国公路交通气象服务“一张图”奠定基础。该产品每日8时和20时发布，内容包括气温、降水量、风速、天气现象（雨、雪、雨夹雪、雾、冰雹、冻雨、沙尘暴等）等气象要素的72h内逐3h预报，产品空间分辨率为3～5km，为区域及省级部门开展公路气象服务提供了前端数据支撑。截至2017年，全国已有1430余个交通气象监测站点实时共享观测信息，1700余个国家级地面观测站和9200

余个区域气象观测站作为补充，形成了我国公路交通气象地面观测网络。同时，国、省两级公路交通气象精细化要素预报业务已经建立。气象部门还在江苏、安徽、河北等地的试点开展公路交通高影响天气短临预报预警，并探索基于影响的公路交通气象灾害风险预警服务。

2.4.3 公路交通气象风险服务

针对强降水、低能见度、团雾、大风、高温、路面结冰、积雪等公路交通高影响天气，提供分灾种、分区域、分时段的公路交通气象灾害风险预报预警产品，科学地给出公路交通气象灾害在何时、何地，以何规模给公路交通带来的影响，可以为交通运输管理部门制定更有针对性的防范措施，最大程度减轻和避免气象灾害造成的损失提供支持。

2024 年 5 月，中国气象局圆满完成了台风、暴雨、干旱、高温、低温、大风、冰雹、雪灾、沙尘暴和雷电等 10 种气象灾害的致灾调查以及风险评估区划各项普查任务。交通运输部调查了全国公路的设施属性信息和国省干线公路沿线风险点，形成了公路路线设施属性数据 332 万余条，桥梁设施属性数据 91 万余条，隧道设施属性数据 2 万余条，基本摸清了全国国省干线公路沿线自然灾害风险，采集了崩塌、滑坡、泥石流、沉陷与塌陷、水毁等风险点数据。在灾害调查的基础上，对 10 种气象灾害进行了致灾危险性评估，以及人口、经济(生产总值)、农作物等承灾体的脆弱性评估和暴露度分析，完成了全国自然灾害综合风险评估和综合风险区划，构建了综合风险评估与区划模型。

2.4.4 公路交通气象保障服务

针对重要节假日(如春节、国庆等)、重大活动、重大气象灾害(如台风、冰冻雨雪等)、突发灾害救援(如地震等)提供公路交通气象保障是公路交通气象服务工作的重要组成部分。

春运期间是我国全国性交通运输高压力期，也是冰冻雨雪、大雾(团雾)等交通灾害性天气高发时段，由此引发的公路结冰、公路湿滑、低能见度等对春运期间公路交通运输安全影响极大。2025 年 1 月 6 日，中国气象局发布了首份 2025 年《春运气象服务专报》，涵盖了全国 48 小时天气预报，全国公路、铁路、航空交通气象预报，以及长江干线航道气象条件等级预报等内容。2025 年春运期间，国家气象中心每天制作并发布《春运气象服务专报》；国家气候中心组织春运期间全国气候趋势预测会商；中国气象局公共气象服务中心发布春运公路气象服务周报、全国公路交通气象预报等产品；华风气象传媒集团有限责任公司每日制作全国铁路和航空交通气象预报；国家卫星气象中心做好有关遥感监测和卫星应急加密观测；国家气象信息中心基于“天擎·实况”持续升级“春运服务”专题，为交通出行和相关部门决策提供参考；中国气象局气象探测中心加强对各类探测设备的运行监控和维护，中国气象局气象宣传与科普中心（中国气象报社）做好灾害性天气科普及春运气象保障服务宣传。

重大活动公路交通气象保障服务要具体针对活动举办地点和举办时段内的高影响天气特点来开展。如2022年2月4—20日召开的北京冬奥会，其间因天气寒冷可能出现的高影响天气包括低温、大风、降雪等，气象保障服务对于冬奥会的顺利进行至关重要。冬奥会期间，利用15天全球集合预报概率距平产品获知赛事高影响天气过程，高分辨区域集合预报产品锁定赛事影响风险概率，快速更新循环系统及降尺度产品提供“百米级、分钟级”精准服务；在赛区建设了三维立体气象观测站网，包括地面自动气象站、测风激光雷达、云雷达等，这些设备能够实时监测和传输数据，为天气预报提供精准依据；根据不同赛场的地形和气象特点，提供“一场一策”“一项一策”的气象服务，形成了冬奥赛事气象服务保障的“天罗地网”。

重大灾害如地震及其引发的滑坡、崩塌等都严重影响公路通行能力。为确保抢险救灾的生命线畅通无阻，国家级气象部门相继开展了汶川、芦山、玉树、舟曲、鲁甸等灾害救援的公路交通气象保障服务，面向政府、救援人员、灾民有针对性地提供震区公路沿线天气现象、气温、降水量、风向、风速等气象要素的监测和短期、短临预报，为抗震救灾及时提供气象保障服务和决策支撑。

2.4.5 公路交通气象服务系统

为满足多元化用户的业务需求，由国家级气象服务主管部门主导，上海、江苏、安徽、湖北等省级气象服务主管部门实现了基于GIS技术和公路交通气象数据共享，各自构建了具有地区特色、满足地域公路交通气象服务需求的业务系统。各个系统一般包含公路气象监测、预报预警产品制作和信息发布等部分。其中，公路气象监测部分可以实现公路气象监测信息（路面温度、能见度、路面状况、降水等）采集、故障监控、要素统计查询、自动报警等功能；预报预警产品制作部分具有客观专业模型预报、主观分析和预报订正等功能；信息发布部分可以面向不同服务对象，通过传真、电子邮件、手机客户端等方式，实现服务产品的自动分发。此外，还有部分地区在考虑区域气象差异和不同行业用户需求的基础上建立了有针对性的、面向不同用户的公路交通气象服务系统，如满足决策需求的西汉高速公路气象保障服务系统、针对高速公路雾区的高速公路浓雾监测预警系统、面向公众出行的公路交通气象服务系统等。

2.5　灾害性天气影响下的公路交通气象服务提升措施

在交通安全方面建立科学合理的公路交通安全气象保障服务，可以有效降低交通事故的发生，为人们的出行提供可靠的信息服务，保障人们出行时的生命财产安全。

1）建立智能公路气象服务

建立智能的公路气象服务，可以有效地为车辆驾驶人员提供精细化的气象数据，在出现灾害性天气时能够有效地做好预防工作或者在灾害性天气发生时减少一些不必要的交通损失。智能公路气象服务，可以对天气进行实时监测，为人们提供最为精准的实时天气信息，这样可以有效减少因灾害性天气而引发的交通安全事故。同时，还可以建立一个智能公路气象服务平台，使人们能够更加直观地看到智能公路气象服务平台的各种信息，利用计算机网络的便利性，为人们提供高效便利的服务。

2）开展精细化监测

为了提高公路交通气象服务质量，降低灾害性天气的影响，就必须开展公路交通气象的精细化监测业务。可根据当地的气候分区划分监测站，并进行布置与设置，建立有效的监测机制，保证各个地区的天气情况都能够及时有效地反馈并归纳总结，再将信息传送到智能公路气象服务平台，使得车辆驾驶人员能够及时接收到各个地区的天气情况；同时与交通运输管理部门沟通、合作，从而提高气象服务质量。通过监测站准确对各种特殊气候进行监测，并准确进行预报，通知广大群众和相关部门进行预防，从而对车辆的运行进行精细化的安排，有效减少交通事故的发生。

3）营造公路气象服务模式

要完善公路气象服务模式，根据实际情况和季节对灾害性天气进行智能归类，并进行准确预报。在分析灾害性天气的时候，还需要根据气候的变化进行灾害性天气的预报提醒服务，在关键时期提高服务水平。

4）加强各部门的联动

在进行公路交通安全气象保障服务时，需要同各个交通运输管理部门进行一定程度的协调联动，从而保证公路交通安全气象保障服务能够顺利实施。对于受灾害性天气影响的区域，应当及时进行交通管制，对车辆行驶路线进行调整规划，从而保证交通运输的平稳、有序。

同时,还要制定有效的灾害性天气预防措施和计划,确保在出现灾害性天气时能够按照计划快速实施,确保人们出行时的生命财产安全。各个部门应当建立联动协调管理机制,保证灾害性天气中按照预定方案快速协调推进。

各部门之间加强联动工作的措施有:加强与公路经营单位和交通运输管理部门的合作,运用公路监控设备对路况信息进行监测;通过联合会商的方式提高各部门之间的合作与沟通。

5)建立灾害性天气影响下的高速公路安全保障体系

在发生灾害性天气时,对已经行驶在此区域的车辆,要进行一定的疏导工作,建立严格有效的高速公路安全保障体系。比如雨雪天气,将这种天气按照雨雪程度有效划分成几个对应的等级,按照对应等级选择相应的管理方案,既能使因灾害性天气导致的经济损失降到最低,又保证了人们出行时的生命财产安全。灾害性天气影响下的高速公路安全保障体系要具有一定的可行性,加强试验数据的统计应用,确保其能够科学、有效地运行。

建立灾害性天气影响下的高速公路安全保障体系,要做到具体情况具体分析,这样才能丰富经验,使其提高服务水平。该安全保障体系包括排除天气故障系统、智能化气象信息发布系统、车辆安全行驶提示系统、公路交通管理系统,这些系统能够起到分门别类的服务效果,使灾害性天气的预报和相关保障工作得到进一步完善。

为了提高灾害性天气影响下的公路交通气象服务质量,还需要提高广大人民群众对灾害天气的防范意识,在出行前参考天气预报,提高出行安全意识。随着技术水平的不断提升,公路交通气象服务质量正在不断提升,能够为人们提供非常专业的气象服务。

2.6 公路交通气象服务的发展展望

完善的公路交通气象观测体系可以为公路交通气象服务提供有力的基础支撑。目前,我国公路交通气象观测项目的针对性还不够,特别是关于能见度、路面状况等交通运输管理部门急需的主要观测项目仍有欠缺,制约了公路交通气象科研与服务工作的发展。气象、交通运输管理部门需进一步合作共建,在重要高速公路沿线开展浓雾、强风、强降水、低温、冰冻、高温等公路交通气象灾害的观测,有针对性地增加路面温度、公路综合状况、交通实景等观测。同时,卫星资料在公路交通气象监测中的应用,是建设高时空分辨率的公路交通气象综合观测系统不可或缺的部分。而随着社会化观测的发展,如何有效地将社会化观测纳入公路交通气象观测体系也是目前面临的挑战。

随着气象监测、预报精细化程度的提高，如何在数值天气预报的基础上，基于天气学、统计学等理论方法，建立满足不同服务需求的专业化公路气象预报模型，特别是开展结合行业数据和面向对象需求的公路交通影响预报及灾害风险预警，提高公路交通气象的预报水平和服务能力，将是公路交通气象预报服务的一项重要研究工作。我国当前的公路气象服务对象主要为政府决策部门、交通行业部门（交通运输管理部门、交通运营公司）、物流企业以及公众。因此，进一步提高公路交通气象服务能力，需从服务对象特点和需求出发，探索面向不同对象的公路交通气象服务模式。公路建设的迅猛发展为人们出行带来了快捷和方便，与此同时，公众对生活品质和出行效率的提升有更高的要求。随着云计算、大数据等新兴业态的兴起，将公路交通气象服务融入智慧生活，构建智慧公路交通气象服务也是当前的研究热点之一。

CHAPTER THREE

第3章

智慧交通与智慧公路建设

3.1 智慧交通与智慧公路

3.1.1 智慧交通与智慧公路概论

1)智慧交通概述

智慧交通的前身是智能交通(Intelligent Transport System,ITS),ITS是20世纪90年代初美国提出的理念。

2009年,IBM公司(International Business Machines Corporation)在智能交通的基础上提出了智慧交通的理念,智慧交通通过物联网、云计算、大数据、移动互联等高新技术汇集交通信息,并提供实时交通数据下的交通信息服务。通过大量使用数据模型、数据挖掘等数据处理技术,实现了交通服务的系统性、实时性、交互性、广泛性。

“智能交通”与“智慧交通”,是两个看起来相似,且被许多人混用的技术概念,其实二者是需要加以明确界定和区分的。“智能”更多是指技术系统所具有的一种属性,而“智慧”则与“人”具有紧密关联,是人-机系统才会被赋予的属性。强调两者的差异和内涵,在交通体系变革中有重要的理论和实践意义。之所以这样说,是因为我们完全不是在研究一个单纯的技术系统,而是在研究“社会-技术”系统。通过区分两者差异,界定相应技术内涵,有利于更好地明确未来系统的层次结构,既防止对当前系统开发提出过多需求而造成初期推进困难,又避免缺少前瞻性导致所开发系统不能适应进化而被废弃。突出智能交通与智慧交通的区别,其本质是强调从单纯技术系统向社会-技术系统的演化过程,强调体系变革的阶段性和发展性。城市交通外部环境不断发生演变,因而其对策体系随之发生变革:从解决网络交通流问题到解决空间活动系统的组织问题,从解决出行问题到解决生活模式的引导问题,从相对粗放的对策体系向精细化、精准化的对策体系转换。社会的质的变化,要求城市交通不仅实现技术进步,而且要创造新型服务,并进一步实现现代社会治理,由此产生将交通系统变革从技术领域向社会领域逐步延展的问题。城市交通的复杂性,就在于其中的各种行为主体具有自主适应性,会根据环境变化和相关主体行为变化,调整自身的行为模式和行动策略,从而产生系统演化的复杂性和不确定性。这类复杂适应系统,是不可能采用物理逻辑来简单实现智能控制的,需要更高层面的智慧——人的智慧,来不断重新审视在原有认识基础上所建立的控制规则体系的适应性和正确性,并加以评估、研究和修正。正因为如此,才需要强调未来的交通系统不能止步于智能交通，必须逐步迈向智慧交通。智慧交通是采用技术和政策手段，解决交通领域社会问题的人机混合系统，包含智能系统运行控制、智能服务系统管控，以及社会发展的智能治理，这样三层控制逻辑。最里层是围绕相对单纯的技术系统，遵循物理法则进行的优化控制。无人驾驶、道路交通协同管理等，均是这一层次中的典型应用。中间层拓展到对依托技术系统所提供社会服务的管控。城市管理者、交通服务消费者、交通服务提供商，遵循进化博弈规则进行关系和行为演化，共享单车的荣衰证明了这一层次管控的重要性。最外层所涉及的问题最为复杂，包括城市空间活动系统组织、跨行政区和部门的管理协调、维护空间正义、公共资源配置、居民生活模式引导等战略性调控问题。在这一层次中，控制者已经不能超脱于受控系统之外，其自身就是受控系统的一个组成部分。根据社会控制论的原则，管理者有效地直面自身认识、立场等方面的局限，不断进行自我革新和革命，也成为系统控制不可或缺的重要内容。而基于大数据全面地把握问题、通过舆情分析及时把握民意、基于数据的群决策等，是支持战略调控的重要技术手段。

2019年，中共中央、国务院印发了《交通强国建设纲要》，提出了科技创新、富有活力、智慧引领等重点任务。纲要印发后，交通运输部先后确定了两批共34家单位作为交通强国建设试点，其中不乏前沿关键科技研发、智慧交通发展和科技创新机制等方面的特色内容。此外，交通运输部印发了《推动交通运输领域新型基础设施建设的指导意见》，以数字化、网络化、智能化为主线，围绕打造融合高效的智慧交通基础设施、助力信息基础设施建设和完善行业创新基础设施三个方面发力，推动交通基础设施数字转型智能升级。要多维创新推进交通运输高质量发展。加快推进交通新基建，推动物联网、人工智能、车路协同等新技术的研发和应用，完善配套政策措施，让智慧交通项目成为新基建的主力军，依靠科技赋能、促进服务变革，鼓励定制公交、定制客运、网约车、共享单车、汽车分时租赁等新业态健康发展，打造出行即服务（Mobility as a Service，MaaS），提升人民出行体验。同时，大力推进放管服改革，加强信用体系建设，完善数字监管，互联网＋监管，构建综合交通运输大数据中心体系，推动跨层级、跨地域、跨系统、跨部门、跨业务数据资源的综合性应用，提升交通运输治理现代化水平。

智慧交通建设的目标主要有以下三方面：

（1）打造融合高效的智慧交通基础设施。以交通运输行业为主实施，以智慧公路、智能铁路、智慧航道、智慧港口、智慧民航、智能邮政、智慧枢纽以及新材料新能源应用为载体，体现先进信息技术对行业的全方位赋能。

（2）助力信息基础设施建设。主要是配合相关部门推进先进技术的行业应用，研究利用北斗技术在高速公路实现自由流收费等，还包括网络安全、数据中心、人工智能等。

(3)完善行业创新基础设施。主要是科技研发支撑能力建设，如重点实验室、基础设施长期性能监测网等。

智慧交通包含交通领域的方方面面，本书主要针对智慧交通中智慧公路这一领域进行研究。

2)智慧公路概论

智慧公路起源于法国，最早称为“智能公路”，随着互联网+、物联网、人工智能等先进技术的进步，“智能公路”逐步向“智慧公路”升级，国内外对智慧公路的建设和发展有着不同的定位和思考，并没有明确的定义和界限(图3-1)。

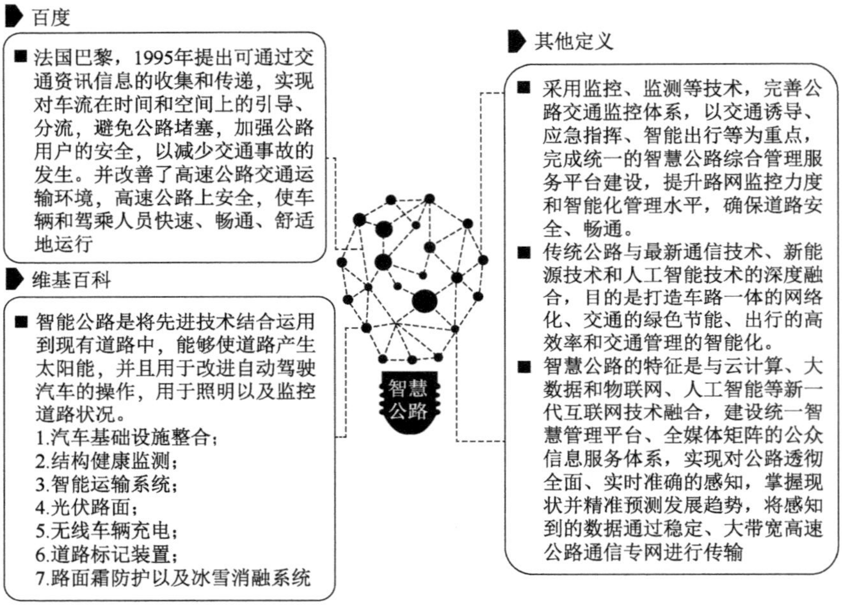

图3-1 智慧公路的定义

资料来源：百度、维基百科、学术定义。

智慧公路是在以人为本、可持续发展的理念指导下，将以物联网、云计算、大数据、移动互联网等技术为代表的智能传感技术、通信传输技术、数据处理技术和信息网络技术等有效集成，并运用到交通系统中，以提高交通管理服务效率、提升人们的出行体验为目的，以更精确的信息在更广的时空范围内构建的智能化、人性化、立体化的综合交通体系。一般认为，一条标准的智慧公路应该具备以下四方面的功能。

(1)智慧设施：包括公路、桥梁、附属设施等公路交通基础设施，具备多维感知能力，能够实现彼此间的信息互联互通和自动控制，并与交通工具、交通参与者的协同联动，主动检测路网运行异常，及时上报公路拥堵、设备故障，为公路交通安全和高效通行提供数据支撑。

（2）智慧决策：以云计算、大数据、物联网、移动互联网等信息化新技术与公路行业的深度融合，围绕公路交通安全、舒适、高效的通行能力以及日常运维管理的智能化，实现主动预测、自动处置、快速响应、服务高效，全面提升以人为本的智慧公路决策水平。

（3）智慧管控：基于路网运行的全面感知能力，实现人、车、路的一体化运行监测，第一时间发现公路通行异常，实现车路协同、区域路网协同管理、出行信息服务等智能应用。

（4）智慧服务：通过人、车、路互联互通，及时联网发布跨区域交通信息及事故信息，提高公路信息服务水平和质量，包括动态路径导航、实时路况发布、个性化出行、交通分析等。

通过智慧路网在长大缓坡、桥梁、高边坡、隧道及雾区等特殊路段布设监测系统，对公路交通气象状况、车流情况和经过货车的速度、胎压、胎温、车厢温度情况进行实时监测，并运用北斗卫星技术，整合报警手机定位、路况预判、应急救援指挥调度、分流预案、应急信息提示等功能，可快速处置交通事故。

智慧公路一方面可以提高交通系统的运行效率，减少交通事故、降低环境污染，促进交通管理及出行服务系统建设的信息化、智能化、社会化水平提升，有助于最大程度地发挥交通基础设施的效能，提高交通运输系统的运行效率；另一方面可以提高交通服务水平，利用物联网、大数据和移动互联网等技术，更准确地了解交通参与者的需求和交通即时信息数据，更便捷地进行信息互动，为交通参与者提供高效、准确、随需而变的出行服务，使交通管理者的管理更加科学精准，使出行者的交通出行体验更加安全舒适。

3.1.2　智慧公路发展的必要性和可行性

1）智慧公路发展的必要性

人类社会由“体力时代”向“物力时代”、再向“智力时代”的进化发展，是文明不断升级的大趋势。当生产工具从农业机具向工业设备、信息化设备、智能设备发展时，社会形态就从农业社会向工业社会、信息社会、网络社会过渡。公路也将从原生态公路走向智慧公路。因此，智慧城市成为城市发展的必然趋势。

（1）国家战略发展的需要

智慧高速公路是人类世界从 IT 时代进入 DT（Data Technology）时代的产物，也是高速公路经历了数字化、信息化和智能化发展阶段之后的最新表现形态,当前美日欧等发达国家和地区都在大力推进智慧型公路发展。

2019 年 9 月,中共中央、国务院发布的《交通强国建设纲要》提出,要大力发展智慧交通。推动大数据、互联网、人工智能、区块链、超级计算等新技术与交通行业深度融合。推进数据资源赋能交通发展,加速交通基础设施网、运输服务网、能源网与信息网络融合发展,构建泛在先进的交通信息基础设施。

我国《"十四五"现代综合交通运输体系发展规划》(国发〔2021〕27 号)也提出在"十四五"期间推动既有设施数字化改造升级,加强新建设施与感知网络同步规划建设。构建设施运行状态感知系统,加强重要通道和枢纽数字化感知监测覆盖,增强关键路段和重要节点全天候、全周期运行状态监测和主动预警能力。

智慧公路建设是响应交通运输部"十四五"智慧公路示范工程的重要实践。根据交通运输部印发的《数字交通"十四五"发展规划》(交规划发〔2021〕102 号),要提高行业运行监测能力建设,推动基础设施数字化和运行智能化,重点推进信息采集和监测设施与交通运输基础设施工程同步规划、同步建设和改造,加快国省干线公路运行状态信息监测体系建设,实施公路网运行监测项目和智慧公路示范工程。智慧公路建设是交通运输行业转型升级的新时代背景下,公路和交通现代化建设的重要抓手,是高新技术与传统交通运输行业紧密结合的重要探索。

2022 年 3 月,交通运输部和科学技术部联合发布的《"十四五"交通领域科技创新规划》(交科技发〔2022〕31 号)提出,要推动智慧交通与智慧城市协同发展,大力发展智慧交通,推动云计算、大数据、物联网、移动互联网、区块链、人工智能等新一代信息技术与交通运输融合,加快北斗导航技术应用,开展智能交通先导应用试点。

为深入贯彻落实党中央关于加快建设科技强国、交通强国的战略部署,统筹推进交通运输科技创新发展,交通运输部、科学技术部联合制定了《交通领域科技创新中长期发展规划纲要(2021—2035 年)》(交科技发〔2022〕11 号),强调要大力推动深度融合的智慧交通建设。围绕全面提升智慧交通发展水平,集中攻克交通运输专业软件和专用系统,加快移动互联网、人工智能、区块链、云计算、大数据等新一代信息技术及空天信息技术与交通运输融合创新应用,推动交通运输领域商用密码创新应用,加快发展交通运输新型基础设施。2023 年,交通运输部、国家铁路局、中国民用航空局、国家邮政局、中国国家铁路集团有限公司联合印发《加快建设交通强国五年行动计划(2023—2027 年)》。强调科技创新驱动发展,完善科技创新基础制度,加强交通战略科技力量和科技基础能力建设,加快推进智慧交通建设,健全交通科技创新体系。

(2)智慧公路建设是推进公路基础设施智能化管理的重要手段

推进交通基础设施智能化管理,建成公路基础设施运行监测网络,力争使干线公路网监测覆盖率显著提升。智慧公路建设是加强公路交通信息化建设,推进交通基础设施建设智能化的重要手段,对于提升行业管理部门安全监管和应急处置的决策支持水平,保障公路网安全通畅运行,增强干线公路路网运行监测与综合管理能力具有重要意义。

(3)满足出行服务的需要

随着我国经济的快速发展,机动车保有量迅速增加,交通服务需求也迅猛增长,出行者对服务质量的要求也在逐步提高。公路信息发布系统是智能交通系统中直接为出行者提供服务的系统,一般由出行信息服务网站、政府网站、微信公众号、可变信息标志等构成。然而,当前公路信息发布系统功能较为单一,不能及时为出行者提供公路阻断(施工、封闭、堵塞)、导航、通达信息和驿站、停车区、服务区等信息,一旦发生交通事故,就会造成公路网的瘫痪,降低公众出行的舒适度。公路信息化、智能化的发展能有效利用网站、呼叫中心、广播电视、车载终端、移动终端、公路沿线信息发布设施等多种手段,为公路出行者及时提供公路数据信息、视频信息以及出行引导信息。

(4)成立智慧公路行业组织,推进产业快速发展

智慧公路是一项复杂的系统工程,是通信、计算机和控制技术在交通运输领域集成应用的产物,涉及云计算、大数据、智能终端等新技术,需要“官、研、企”共同推动才能实现。因此,成立智慧公路行业组织,推进产业发展是智慧公路发展壮大的重要举措。以日本为例,早在1994年,日本由警察厅、通商产业省、运输省、邮政省、建设省五个部门牵头,成立官、研、企“三位一体”智慧交通(ITS)推进协会,以丰田、本田、东芝等大企业为龙头协同推进智慧交通产业发展。事实证明,日本政府、企业、科研机构等主体借助“智慧交通(ITS)推进协会”这一平台,实现了对公路交通的智能化控制、各主体间信息的共享以及各项智能交通推进机制的协调发展。

2)智慧公路发展的可行性

(1)国家释放的政策红利为智慧公路的发展提供了政策保障

20世纪90年代以来,以美国、日本为代表的发达国家高度重视智慧公路的发展,陆续发布了有关政策,为智慧公路体系结构的建设、管理以及系统服务的配置扫清障碍。日本先后出台了“公路法”“公路整备特别措施法”等法规,大力推进高速公路建设,提高公路通行能力,为发展智慧公路打下坚实的基础。1992年,为推进ITS体系结构开发计划,开发一个经过详细规划的国家ITS体系结构,指导ITS产品和服务的配置,美国运

输部全国智能运输协会等部门联合制定了“智能运输系统”发展战略纲要。因此,应加大对智慧公路建设的政策支持力度,明确智慧公路发展的重点领域、发展方向及责任部门。

近年来,国家有关部门高度重视交通行业的发展,相关政策也开始向智慧交通的方向倾斜。国务院印发的《“十四五”现代综合交通运输体系发展规划》(国发〔2021〕27号)强调,稳步推进5G等网络通信设施覆盖,提升交通运输领域信息传输覆盖度、实时性和可靠性。在智能交通领域开展基于5G的应用场景和产业生态试点示范。推动车联网部署和应用,支持构建“车—路—交通管理”一体化协作的智能管理系统。打造新一代轨道交通移动通信和航空通信系统,研究推动多层次轨道交通信号系统兼容互通,同步优化列车、航空器等移动互联网接入条件。提升邮政机要通信信息化水平。交通运输部印发的《数字交通“十四五”发展规划》指出,完善公路感知网络,推进公路基础设施全要素全周期数字化,发展车路协同和自动驾驶,推动重点路段开展恶劣天气行车诱导,缓解交通拥堵、提升运行效率。深化高速公路电子不停车收费系统(ETC)应用,建设监测、调度、管控、应急、服务一体的智慧路网平台。推动公路建设施工及养护智能化。推进公路智慧服务区建设。

随着智慧公路建设规模快速扩大,其建设和应用研发资金需求也在不断增长。1996—1997年,日本政府用于ITS的研究开发投入就达到161亿日元,用于ITS实用化和基础设施建设的投入则达到1285亿日元。1995—1998年间,美国为开发统一的国家ITS体系结构,先后投入2500万美元;2010年,欧盟为利用车车(V2V)和车路(V2I)通信技术开展项目,拨款1370万欧元。2021年,中国智慧交通行业投资规模为3629亿元,未来预计还将进一步加大投资力度。因此,应建立持续的建设和应用开发资金投入机制,为智慧公路可持续发展提供充足的资金支持。

(2)新一代新兴技术的发展为智慧公路提供了技术保障

根据《国家公路网规划(2013年—2030年)》及有关统计资料显示,到2030年,全国普通国道网总规模将达到26.5万km,随着公路网规模不断扩大,机动车保有量不断增长,公路交通流量日益增大,人们对公路安全、管理和信息服务的要求将会越来越高。交通大数据应用技术、车联网技术、智能交通信息智能感知与服务技术的兴起,将改变传统的公路交通出行业态,并有望对人类未来智能生活理念和公路出行模式产生重大影响,公路运输也将成为新一代信息技术的巨大市场。通过交通大数据挖掘技术,行业管理者可以快速、全面、准确地发现隐藏在公路交通数据中的规律,实现公路智能化管理。车联网技术,能实现车与车、车与路、车与人之间无线通信和信息交换,最终实现车辆的安全驾驶，降低交通事故发生率。

“软件”和“硬件”齐抓，“硬件”基础设施建设先行，智慧公路更多地体现为“软件”建设，但“软件”必须建立在完善的“硬件”基础之上。日本的智慧交通系统在20世纪70年代就已非常先进，但至今他们依然在不断加强立体交通、公路网络等“硬件”基础设施的建设，改善智慧公路发展环境。因此，应进一步完善国省干线公路网结构，打通断头路，连接“最后一公里”，加大农村公路建设力度，提高高等级公路在农村公路中的占比，将智慧公路纳入公路网的规划之中，“硬件”先行，为智慧交通“软件”创造条件。

3.1.3　智慧公路的关键技术

智慧公路规划、建设以及各项关键技术研究目前尚处在探索阶段，如今各种新技术扑面而来，我们在关注先进技术的同时，应该根据自身的发展方向，选择成熟的技术，而不是一味地沉浸在新技术的研讨中。2023年8月发布的《中国智慧公路发展报告(2022)》明确了智慧公路发展产业经济模式，为智慧公路产业经济提供全方位的发展助力；解构了智慧公路发展技术路径加大科技研发投入，促进智慧公路关键技术发展，推进智慧公路运行车路云网图一体化；构建了智慧公路发展具体业态场景(图3-2)。

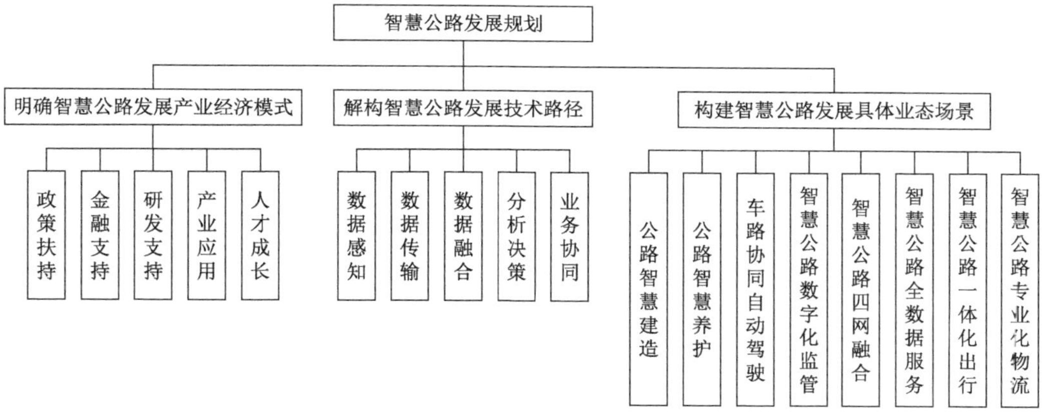

图3-2　智慧公路发展规划

结合《交通强国建设纲要》《加快建设交通强国五年行动计划(2023—2027年)》有关要求和部署，2023年9月，交通运输部印发了《关于推进公路数字化转型加快智慧公路建设发展的意见》(交公路发〔2023〕131号)，意见主要内容见图3-3。该意见使相关技术人员将关注点转向公路全生命周期的数字化，包括勘察设计、施工建造、养护管理等环节的数字化技术应用，如BIM、无人机测绘等，以提升公路建设、管理和运营的效率与质量。

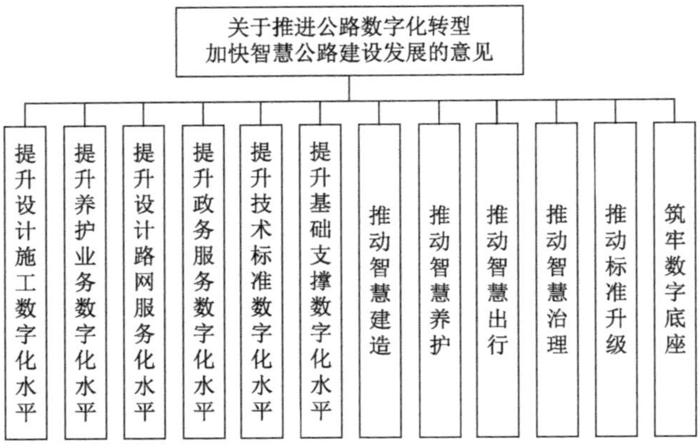

图 3-3 《关于推进公路数字化转型加快智慧公路建设发展的意见》主要内容

因此,在考虑新一代信息技术和新型交通服务对公路管理与服务产生的变革性影响的同时,应结合目前国内外智慧公路技术的发展,积累相关的基础技术经验,以全方位的视角梳理技术现状,探索我国智慧公路架构与适宜的发展路径。

3.2 智慧公路的发展

3.2.1 国外代表性智慧公路的发展

智慧公路能通过交通资讯信息的收集和传递,实现对车流在时间和空间上的引导、分流,避免公路堵塞,加强公路用户的安全,以减少交通事故的发生。并改善高速公路交通运输环境,满足车辆和驾乘人员在高速公路上安全、快速、畅通、舒适的要求。智慧公路在国外发展已久,在交通安全、治堵、环保方面发挥着重大作用。

1)国外代表性智慧公路的发展

(1)瑞典 E4 公路

瑞典的智慧公路在全球范围内具有领先地位,尤其是其 E4 公路,展现了瑞典在智慧交通领域的创新能力和技术水平。E4 公路是瑞典北部城市 Pite 和 Lule 之间的 4km 路段,是瑞典开通的最智能的一条公路(图 3-4)。这一智能公路安装了太阳能传感器,可以对行驶车辆作出路面结冰、事故拥堵和其他危险情况的预警。传感器安装于沥青路面面层,利用太阳能电池工作,每个装置包括显示灯、信息处理器、储存器、感应器和信息交换器。该装置的显示灯可变换颜色,提前几百米就可对结冰路面和危险情况作出警示。

E4 公路安装了 400 个信息发布装置，这些装置利用无线网络向驾驶人员提供信息。该项目的成功实施，开创了智慧公路发展新模式。

图 3-4 瑞典 E4 公路

(2)英国智慧高速公路

英国智慧高速公路配有太阳能交通标识灯、公路监测传感器、随时待命的清障车和电子信息提示牌等设施，可大大改善公路的运行状况。

一种被称为“猫眼”的太阳能路面标识灯在智慧高速公路上广泛使用。它可有效吸收太阳能，即使阴天也可以获得足够的能量供夜间使用，照射距离比目前使用的标识灯远 10 倍，驾驶人在 0.8km 外便可看到。智慧高速公路的路面下还安装有传感器。为保持路况良好，传感器可持续监测公路受力情况，并将几分钟前测得的数据传达到计算机控制中心，一旦路面出现缺陷，公路运输管理部门可尽快修复。另外，智慧高速公路还配有高技术装备探寻车，可以以 80km/h 的速度在高速公路和公路干线上收集路况信息。发生交通事故时，随时待命的清障车几分钟内即可将损毁车辆拖走。公路主干道上还设有电子信息牌。在无法看到前方路况的情况下，电子信息牌可及时通报前方公路情况；遇到交通拥堵时还可提示离得最近的火车站，以便驾驶人能转乘火车尽快到达目的地。

(3)美国驶万达公路

美国智能公路的发展始于 20 世纪 80 年代末，当时美国已经开展了智慧型车辆与高速公路系统的研究。在此基础上，1993 年美国开始了包括驶万达公路在内的多项智能公路计划。驶万达公路是试验性的“智慧公路”，它建立在公路系统与通信系统相结合的基础上，不需要加宽公路就能提高公路的通行能力。

智慧型车辆与高速公路系统包括三大部分：第一部分是控制中心，它有一台中心服务器，分析来自公路上的遥控交通监测器、车载导向设备、交通警导向车和直升机所采集的车流信息，把即将发生的交通堵塞显示在汽车导向图上，并用电波发射出去；第二部分是公路上的交通遥控监测器，它能准确地测定通过线圈安装断面的交通流量和流速；第三部分是车载导向设备，它包括电子计算机、位置检测器和电视显示器等。

(4)荷兰智慧高速公路

荷兰智慧高速公路是智能交通领域的一个创新实践，它结合了多种高新技术，旨在提高道路的安全性、通行效率和环保性能。荷兰第一条发光智慧高速公路建于2014年，位于荷兰首都阿姆斯特丹N329公路，设计师改造了其中一个路段，使其成为世界上第一条能够发光的公路。N329公路的特定路段被涂上了夜光漆材质，这种材料能够在白天吸收日光，然后在夜晚提供长达10h的照明时间。这种设计不仅降低了对传统路灯的依赖，还提高了道路的可见性和安全性。然而，需要注意的是，这种夜光漆材质对潮湿天气较为敏感，可能会影响其发光效果。因此，在实际应用中需要采取相应的措施来确保其稳定性和可靠性。

在创新引领未来的时代趋势下，全球诸多国家和地区已经在智慧公路建设上崭露头角。

2)国外智慧公路的发展启示

美国的公路智能化发展主要分为两个方向：一是面向运营管理，各州纷纷启动了智慧通道(Smart Corridor)的建设；二是面向车路合作，开展了互联车辆(Connected Vehicle)计划。例如，美国加利福尼亚州“智能出行者”项目，主动为旅行者提供实时、动态、智能的路径信息等。

欧洲开展了以主动交通管理为主的Easyway项目，该项目以实现欧洲跨国高速公路的信息共享和协同调度为主要目标，开展了区域出行者信息服务、主动交通管理服务，以及货运和物流服务。

日本通过在高速公路实现收费、信息服务，以及车车、车路交互等功能，建立了面向安全、管理和服务的开放平台。

3)国外在智慧公路发展过程中的主要特点

(1)先进技术融合。智慧公路系统集成了传感、通信、信息、云计算、大数据、人工智能和绿色能源等先进技术，形成了全方位、实时、准确、高效的交通管理系统。

(2)主动化交通与需求管理(ATDM)。欧洲是ATDM的发源地，通过建设智能交通信号控制系统、公共交通优先系统等，提高道路通行效率和公共交通服务水平。英国与德国作为典型代表，初期实施效果显著，交通事故和交通拥堵问题得到显著改善。

(3)人性化服务。国外公路智慧系统的发展过程中，注重提升用户体验和公共服务水平，如通过智能路灯、交通诱导系统等为公众提供更加便捷、舒适的出行环境。同时，也注重利用公路智慧系统来优化公共服务，如提升交通救援能力、降低交通事故发生率等。

3.2.2　国内代表性智慧公路的发展

1)国内代表性智慧公路发展

根据“十四五”规划，交通建设未来仍将处于持续增长期。铁路、公路、城市轨道交通、民航等方面建设投入力度仍然很大，市场空间仍然持续扩大。在2024年全国交通运输工作会议上，交通运输部提出2024年交通运输工作要大力发展智慧交通，支持引导交通传统基础设施数字化转型升级，加快创新应用场景规模化落地，深入推进国家综合交通运输信息平台和综合交通大数据体系建设，深化公路数字化五大专项行动。

(1)浙江杭绍甬高速公路

杭绍甬高速公路是中国首条“智慧高速”“超级高速公路”，在智慧化建设方面具有众多创新性应用。全线50%收费车道采用无人收费模式，通过云收费系统可精准识别车辆信息在视频AI算法、物联网、V2X通信等技术支持下，提供即时信息触达、车道级诱导、车辆一键救援、服务区在线预约等服务。启用“慧眼”智慧感知系统，配备物联感知预警系统，并采用智慧云控平台，提升高速公路运行速度，提前规避风险。针对团雾等特殊天气，建立了10分钟级的气象监测体系，首创“路-警-气象”三方共建的四级预警机制。

(2)济南高速公路光伏路面

山东济南的全球第一条承载式高速公路光伏路面，铺设长度1080m，路面最上面一层是类似毛玻璃的半透明新型材料，摩擦系数高于传统沥青路面，在保证轮胎不打滑的同时，还拥有较高的透光率。阳光穿透路面后，下面的太阳能电池将光能转换成电能，实时输送上电网。路面下预留了电磁感应线圈，未来随着电动汽车无线技术的配套使用，可实现电动汽车在行驶过程中充电。这一功能将使得电动汽车在行驶过程中无须停车充电，提高了使用便利性。光伏路面还能将光能转化为热能，通过路面结冰检测系统实时感知道路结冰情况，自动开启电力加热系统，及时除去道路冰雪，保障出行安全。

(3)湖南衡永高速公路

湖南首条“数字高速”运用BIM、大数据、数字孪生、人工智能等数字化技术提升项目安全性和服务水平。例如,祁山隧道作为湖南省首个路隧一体化数字隧道,具备实时轨迹跟踪、智能研判分析等功能;在交通量大的收费站建设了数字收费站,实现数据、业务、服务的全面上“云”。采用匝道预交易、双天线布局、收费机器人、云收费等创新应用,车道布局整洁、集约、美观,实现缴费全过程无人化值守收费。

(4)五峰山长江大桥南北公路接线

五峰山长江大桥南北公路接线工程借助5G通信技术,推进物联网、云计算等技术与高速公路建设的深度融合,建立了全息感知的数据采集及传输系统。这一系统能够实时收集并传输交通信息,为驾驶人提供更为精准、及时的路况反馈。在雨雪等极端天气条件下,通过遥感式路面状态检测器或埋入式传感器自动启动桥面加热系统给桥面加热或喷洒融雪剂,确保桥面冰雪及时融化,保证交通安全。这一系统不仅能够提升道路通行能力,还能节约了大量的人力物力。开发了车道级雾天行车安全智能诱导系统,利用超微功率地面诱导灯和超低功耗诱导运行控制技术,提升恶劣天气下的行车安全。这一系统能够在雾天为驾驶人提供清晰的行车指引,减少因视线不佳而引发的交通事故。

智慧公路是充分利用新一代信息技术、新能源技术、新材料、新结构以及人工智能等先进技术打造的一项系统工程。与公路信息化不同,智慧公路立足交通行业、强调顶层设计、利用现有基础、服务面向未来。智慧公路解决了几十年信息化进程中产生的条块分割、信息孤岛的问题,是量变积累引发质变的过程。

智慧公路可以让某条公路变得更安全、更人性化,这就需要建设协同共享、强大高效的统一智慧管理平台,让业务管理、应急处置实现可视化、移动化、智能化和精准化。同时还要建立全媒体矩阵的公众信息服务体系,使得公众更容易获取到公路路况等各种信息。总的来说,智慧公路是城市交通智慧化发展中必不可少的一环,是实现“智慧交通大脑”的前提。智慧交通是一个庞大的概念,先从小的、有限的场景入手,将小场景智能化,再将无数小场景相连,最终打造出城市级的智慧交通系统。

2)国内智慧公路的建设特点

(1)公路安全是绝大部分智慧公路建设的重点,主要体现在公路的智能监测上,如江西的宁定高速公路关键路段的构造物和胎压监测、山东烟台的无人机桥梁监测和工程监管等。

（2）智能化管控和运营管理平台的建立，如浙江的“超级高速公路”，借助车路协同等技术，提高车速上限。

（3）新技术和新理念的探索，如光伏路面、超级高速公路，以及基于个性化需求如生态、旅游、消费等功能的智慧旅游公路，促进公路往创新型、复合型功能转变。

对比国内外智慧公路建设案例可以看出，我国在智慧公路建设上偏向在新技术上的应用和探索，与国外在对公众层面的出行信息发布和车路交互安全等层面研究方向存在差异，智慧公路的建设规划尚未形成一套完整的解决方案和体系。智慧公路的建设需要全方位的思考和衡量，我们应该吸纳总结国内外的先进经验，站在更高的位置去看待智慧公路的破题之径。

3.3　智慧公路发展存在的主要问题

由我国智慧公路智能化发展现状可以发现，虽然我国公路智慧化总体发展形势较好，并取得了显著的成效，但仍存在以下不足：

1）智慧化程度不足

目前，我国公路信息化管理水平与达到“智慧公路”的要求还有较大差距，主要反映在缺少省一级的联动应急指挥平台、各关联部门之间的信息无法实现共享、基础设施建设缺少统筹规划、公众服务手段落后等诸多方面，在实际的系统建设过程中主要是结合具体路况与交通环境，解决某单一方面的问题，尚未形成真正的“智慧”内涵。各路段收费、监控、通信系统基本上采取分散独立的运行管理模式，各系统自成体系，相互之间缺乏联系，分散系统采集的各类数据和信息资源尚未得到充分利用和共享，不能及时、全面地对公路交通状况进行分析和判断。

2）运营管理相对滞后

当前，公路信息化都是针对后期公路运营的数据进行采集与维护，并未形成公路建设、运营及养护一体化的公路管理体系。例如公路桥梁、隧道的安全问题是公路运营养护中的一个关键问题。目前，超限超载现象比较普遍，部分路面损坏十分严重，现有路段检测主要是依靠常规检测，缺少一套智能化的高速公路桥梁隧道的检测系统及路面管理系统，相关数据无法被及时采集传输至有关行业管理部门，导致公路在运营过程中不能全面统筹公路状况信息。如果不能对公路桥梁、隧道等安全状况进行预警、提前修复高危路段，将会增加交通事故的发生概率，降低公路通行能力。

3)标准规范亟须完善

制定符合国家及行业需求的标准规范体系，是保障智慧公路建设有序开展、推动我国公路运输产业良性发展的基础保障和先决条件。《智慧城市道路设计标准》(T/CECS 1490—2023)的发布，规范了城市智慧道路系统的建设，统一了技术标准，提高了设计的科学性和系统性，以满足出行需求并保障行车安全。《智慧高速公路分级标准》(T/CITSA 37—2023)将智慧高速公路等级由低到高分为简单智慧、基本智慧、网联协同智慧、自动驾驶智慧和自主可控智慧五个技术等级。每个等级对应不同的智慧化水平和建设内容，为智慧高速公路的建设提供了明确的指导和规范。公路智慧化建设是一个综合、动态、开放的系统工程，如果没有统一的技术标准体系、数据格式标准、接口标准、术语符合标准、信息安全标准，将会给智慧公路系统的建设、管理维护以及系统之间的资源共享带来严重的障碍。目前，我国交通行业尚未形成有关智慧公路的标准规范体系，如传感器、数据接口、信息交换和信息服务等相关标准缺失，致使难以整合行业资源，无法实现跨部门、跨行业协同运行，行业信息化、智能化的整体效益尚未发挥。

3.4 智慧公路建设的发展方向及破题之径

3.4.1 智慧公路建设发展方向

公路智慧化是实现整体交通智慧化的前提，那么智慧公路该朝着哪些方向建设呢？根据《交通运输部办公厅关于加快推进新一代国家交通控制网和智慧公路试点的通知》(交办规划函〔2018〕265 号)，智慧公路发展有六大方向。

1)技术设施数字化

能够应用三维可测实景技术、高精度地图等，实现公路设施数字化采集、管理与应用，构建公路设施资产动态管理系统；选取桥梁、隧道、边坡等，建设基础设施智能监测传感网，实现交通基础设施安全状态综合感知、分析及预警功能。

2)路运一体化车路协同

基于高速公路路侧系统智能化升级和营运车辆路运一体化协同，利用 5G 或者拓展应用 5.8GHz 专用短程通信技术，提供极低延时宽带无线通信，探索路侧智能基站系统应用，选取有代表性的高速公路，以及 2022 年北京冬奥会、雄安新区项目，开展车路信息交互、风险监测及预警、交通流监测分析等。

3)北斗高精度定位综合应用

建设北斗高精度基础设施,实现北斗信号在示范路段(含隧道)的全覆盖,在灾害频发路段实施长期可靠的监测与预警;探索开展基于北斗高精度定位的高速公路通行费收费应用研究,强化技术储备。构建基于北斗的高速公路应急救援一体化管理系统,实现车辆人员的迅速定位与救援力量的动态调度和区域协同。

4)基于大数据的路网综合管理

构建基于大数据的高速公路运营与服务智能化管理决策平台,应用于区域路网综合信息采集、运营调度、收费、资产运维养护、公众信息服务、应急指挥。利用无人机等移动手段,提高运行监测和应急反应能力。利用新媒体、公众信息报告等渠道,实现互动式现场信息采集。开展智能养护、路政和路网事件巡查智能终端示范,融合互联网数据和行业相关数据开展路网运行监测系统建设。

5)"互联网+"路网综合服务

利用"互联网+"技术,探索基于车辆特征识别的不停车移动支付技术。开展基于移动互联网的服务区停车位和充电设施引导、预约等增值服务。探索开展高速公路动态充电示范,实现新能源汽车动/静态充电。开展低温条件下精准气象感知及预测,以及车路协同安全辅助服务等。

6)新一代国家交通控制网

建设面向城市公共交通及复杂交通环境的安全辅助驾驶、车路协同等技术应用的封闭测试区和开放测试区,形成新一代国家交通控制网实体原型系统和应用示范基地。

智慧公路的建设复杂程度并不亚于建设"智慧交通大脑",而这六大方向只是目前阶段智慧公路建设最迫切需要的,随着时代的发展,智慧公路将加入更多的功能。比如当未来电动车更加普及的时候,智慧公路还可以成为"电力公路",让车一边跑,一边充电;安装在智能化公路上的传感器,通过与网络卫星相连接,能控制装在汽车上的"撞车探测计算机",从而极大降低事故发生率,甚至消灭事故。

3.4.2　智慧公路建设破题之径

1)明确实施目的

通过发展智慧公路以期达到以下目的:

(1)通过对新产业、新技术为导向的模式反思，向应用创新发展和功能导向阶段转变，提升智慧公路的发展定位。

(2)通过产业技术应用的全方位流程再造，统筹离散、碎片化建设阶段，提前做好总体规划，布局谋篇，提高智慧公路的建设效率。

(3)通过转变公路以往粗放式的运营工作和管理，向治理精细化转变，制定统一的建设标准，提高智慧公路管理经营的精准化。

(4)通过促进交通行业数据资源信息的公开与共享，充分补充行业数据在开放共享上的短板，为政府决策提供可靠的数据支撑，为社会公众提供更丰富、更权威、更高品质的出行信息服务，提高智慧公路服务品质。

2)总体思路

智慧公路建设作为系统性内容，以提升智慧公路的“发展定位、设计规划、管理经营、服务品质”为宗旨，以实现“安全、高效”为基础目标，以“绿色品质”为个性目标，从“制定顶层设计体系研究—系统总体规划设计—建设技术标准—试点应用建设”的完整闭环解决方案出发，形成“一张蓝图、一个标准”的研究成果，达到并保障智慧公路建设的系统性、科学性、完整性、前瞻性。

3)功能架构

智慧公路的建设应该梳理其功能需求，划分功能层级，主要分为物理层、空间层、能量层、信息层(图3-5)。以感知系统、通信系统、功能设施系统等为支撑，以路面、路侧、卫星等为基础，进行能量的收集与利用，将感知得到信息进行传输、集成、解析、发布，实现智慧公路基本功能要求。

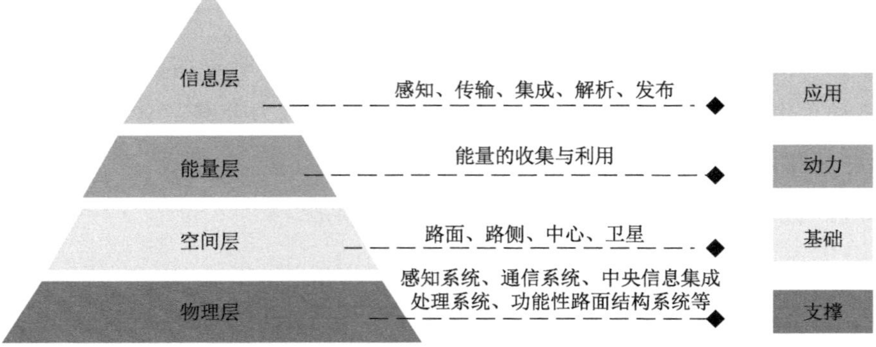

图3-5　智慧公路功能等级划分

一条标准的智慧公路在满足基本功能要求的同时，应聚焦4个方面的功能：智慧感知、智慧管控、智慧决策、智慧服务。智慧公路面向关键技术应用以及基础设施数字化、基于大数据的路网综合管理、路运一体化车路协同、北斗高精度定位综合应用、“互联网+”路网综合服务等和重点部署技术手段,形成全覆盖的感知体系、全过程的在线推演系统、全闭环的精明管控系统、全链条智慧出行服务的智慧公路建设体系,实现智慧公路“安全、高效、绿色、品质”的发展目标(图3-6)。

图3-6 智慧公路功能架构

4)发展阶段

基于智慧公路现有的技术手段和实现应用的场景,在未来的智慧城市、智慧交通大力发展背景影响下,智慧公路将经历几个发展阶段,如图3-7所示。

因此,未来“更智慧、更聪明”的公路,应该依托大数据技术,提升公路的科技化、智慧化,精准获取基于人、车、物的需求,精准规划、精准建设,重点面向出行者提供优质精准服务与体验,与城市、产业及用地一体化发展,实现智能、安全、高效、品质、绿色的目标愿景。

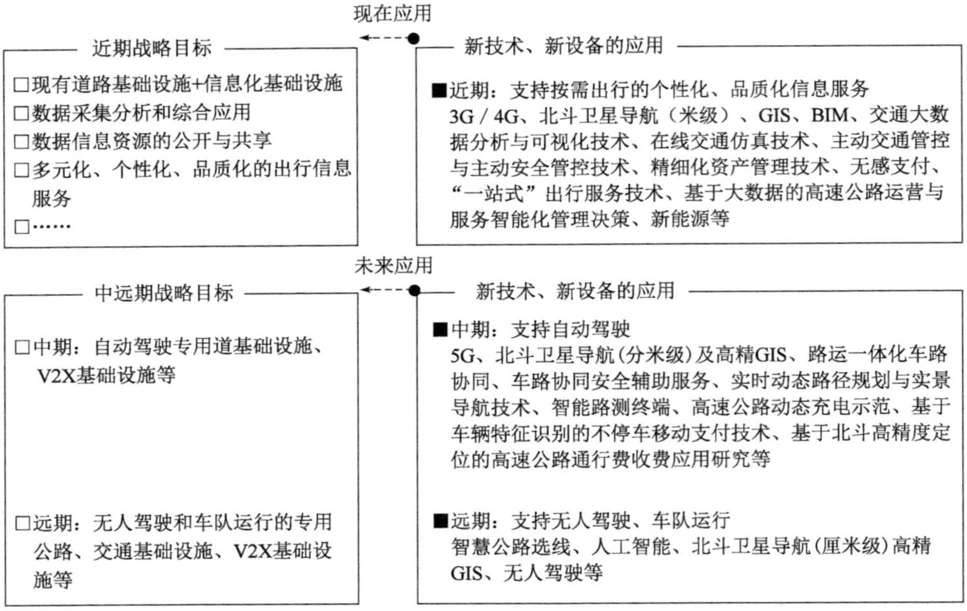

图 3-7　智慧公路的发展阶段

智慧公路发展历程较短，对于智慧公路的规划、设计及建设都处于探索阶段，面临着诸多问题，公路发展至今，智慧公路规划建设已然成为全方位提升公路服务的关键途径。要想确保智慧公路“物有所值”，国家一再强调智慧公路系统性、前瞻性的建设，最关键的工作不是如何建设一条完美的智慧公路，而是站在全市、全省乃至全国的角度，从实际出发、从需求本身出发，推动省级领域、城市群、地域之间高效的互联互通，强化城市和地域之间经济、商业、人、货物之间的频繁往来，共同筑造数字中国、智慧城市、智慧交通下的重大基础设施与新一代国家交通控制网和智慧公路融合创新发展。

CHAPTER FOUR

第4章

智慧公路建设对公路交通气象服务需求分析

2018年7月，中国气象局办公室、交通运输部办公厅下达了《关于联合开展公路交通气象观测能力评估和站网布局设计工作的通知》。通知指出，为完善公路交通气象观测布局，提升公路交通气象减灾防灾救灾水平，中国气象局、交通运输部决定开展公路交通气象观测需求与能力评估以及站网布局设计工作，以优先满足公路交通气象保障服务需求为导向，开展全国公路交通气象观测现状调查、需求分析和能力评价，完成公路交通气象观测站网布局设计工作，形成布局方案。

观测站网布局设计工作应依据《综合气象观测业务发展“十四五”规划》要求，按照“一站多用、一网多能”的综合观测理念，推进地空天一体化观测协同运行，遵循需求牵引、科学可行、统筹集约、合作发展等原则，符合现有综合气象观测业务运行规范和发展要求，能够有效指导全国公路交通气象观测能力建设。

4.1 公路交通气象服务需求分析

公路交通运输业在整个国民经济发展与各种活动中发挥着重要的作用。公路交通运输的正常运行可能会受到各种气象因素的干扰和影响。特别是当前全球气候变暖，极端天气事件日益增多，灾害性天气、突发性气象灾害及其衍生灾害经常造成交通拥堵或中断，甚至诱发严重交通事故，不仅给人民生产、生活及出行带来不利影响，还会直接威胁群众的生命财产安全。为实现更安全、更畅通、更和谐、更高效的现代交通运输体系，2005年交通运输部与中国气象局共同签署了《交通运输部、中国气象局共同开展公路交通气象监测预报预警工作备忘录》并启动了公路交通气象监测预报预警工作。

随着公路交通气象监测站网的建设，雾、降水等公路交通高影响天气及引发的公路损毁、阻断、交通事故等监测、预报评估技术和服务系统不断得到完善发展；针对国务院及交通、公安部门进行防灾减灾、经济建设、生产发展、决策部署提供的决策气象服务能力也不断提高，逐步形成了公路交通气象服务体系；在2008年低温雨雪冰冻灾害、2014年超强台风“威马逊”等重大气象灾害，2008年汶川地震、2010年玉树地震、2012年彝良地震，2018年4月初华北、西北、黄淮等地低温冻害，2022年长江流域干旱、2023年台风“杜苏芮”、2024年湖北梅雨期洪涝灾害、河北暴雨等重大气象灾害，2008年北京奥运会、2016年G20峰会、2017年“一带一路”峰会、金砖会晤、2022年北京冬奥会和冬残奥会等重大活动及春节、国庆等重要节日时段中，形式多样、准确及时的公路交通气象服务在保障灾区抢通生命救援线、交通安全调度、科学管理等方面发挥了重要作用,得到国务院和交通、公安部门的好评和肯定。

但是,我国现有公路交通气象服务的针对性、专业性仍难以满足交通运输业在提高经济效益和安全性等方面的需求,与国外公路交通气象服务水平相比还有较大的差距。美国早在2000年左右就调查分析了公路、铁路、运输、水运、管道系统及机场地勤交通业务六大交通系统对气象信息的需求,并形成了《美国公路交通气象信息国家需求评估报告》,为不断改进公路交通气象业务提供了行动框架。报告通过调研分析气象、交通、公安等决策单位的公路交通气象服务需求,掌握公路交通气象服务在要素、时效、产品形式等方面的具体要求,为提升公路交通气象服务能力、充分发挥气象信息在交通运行效率及安全保障中的作用,提供了一些借鉴和参考。

4.1.1 调研对象和方法

采用问卷调查的方式,对气象、交通、公安等多部门公路交通气象服务关注的气象因素、产品类型和时段、服务改进方向等需求进行了调研。调研时间为2021年11—12月。调研对象为从事决策服务的气象和交通行业的41名专家。其中,有22名来自中国气象局应急减灾与公共服务司、国家气象中心、国家气候中心等国家级、省部级气象决策管理部门,有19名来自交通运输部公路科学研究院、交通运输部路网监测与应急处置中心、公安部交通管理科学研究所等国家级、省部级的交通运输管理部门。

上述专家从事管理的有14人,从事业务技术的有27人,其中正研级高工占34%、高级工程师占46%、工程师占20%。调研内容包括近年来公路交通气象服务在气象、交通运输管理部门中发挥的作用和认可度评价,公路交通气象服务在气象要素、产品类型、服务时效、服务途径等方面的需求及未来改进方向等。以专家评分法对调查内容进行评估分析。

4.1.2 需求结果分析

利用专家评分法对调查内容进行评估分析,并提出提升公路交通气象服务能力的相关建议。结果表明:专家对现有公路交通气象服务工作总体满意度较高,普遍认为公路交通气象服务在公路运输、运行调度、应急救援等方面发挥作用明显;行业领域不同需求的气象要素有所不同,交通运输管理部门专家对公路积雪、降雪、雾、霾等要素给出的需求权重值明显高于气象决策管理部门专家给出的;不同类型的决策服务产品关注的气象要素和时效也有所不同,其中,监测类产品对低能见度、公路积雪要素最为关注,预报类产品对雨雪和大雾要素最为关注,预警类产品对大雾最为关注,而影响评估类产品对低能见度最为关注。

1)服务效果评价

从现有公路交通气象服务开展的效果评价来看,80%的专家对现有公路交通气象服务表示满意。其中,12%的专家表示非常满意,68%的专家表示比较满意;20%的专家认为现有公路交通气象服务一般[图4-1a)]。从发挥作用来看,95%的专家认为公路交通气象服务对其现有工作有帮助,而5%的专家(全部来自交通运输管理部门技术岗位)则认为对其现有工作帮助度一般[图4-1b)]。此外,专家认为目前的公路交通气象服务主要在公路运输、运行调度、应急救援方面有较高的贡献,而在公路建设、公路维护、技术研究方面的贡献率较低[图4-1c)]。

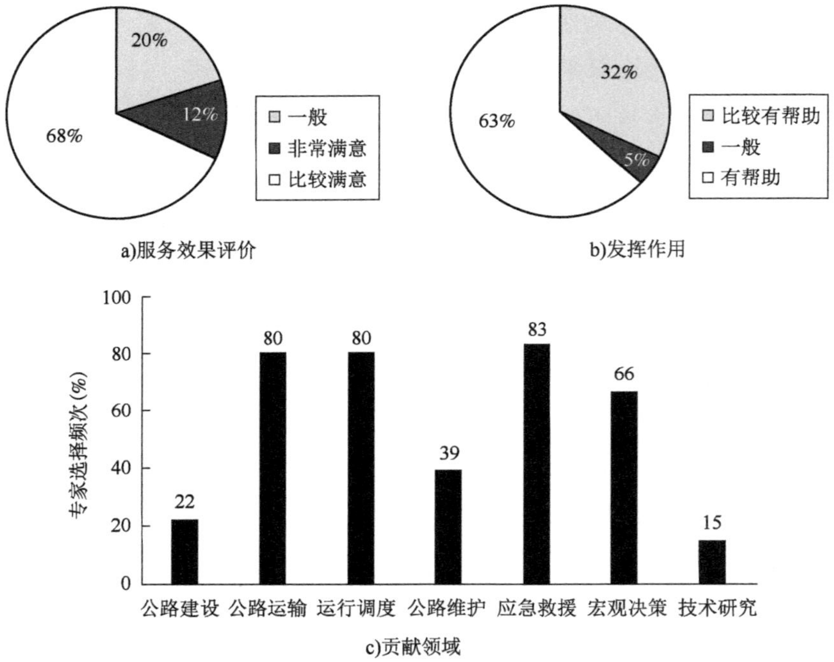

图4-1 公路交通气象服务评价

2)气象要素需求

为了解服务对象迫切需求的气象要素,调查中专家对15种气象要素的迫切需求程度给予评分,以数字从小到大排序表示,1表示最不迫切,10表示最迫切。分析时将各气象要素的平均得分标准化至 0 ~ 10，作为气象要素需求迫切程度的权重，权重越大表示需求程度越迫切。

从分析结果来看，交通运输管理部门专家认为对短时强降雨、降雪、公路积雪、公路结冰、冻雨、大风、雾、霾等 8 个要素需求迫切（权重在 5 以上），而气象决策管理部门专家则认为对公路结冰、雾、冻雨、短时强降雨、降雪、公路积雪、大风等 7 个要素需求迫切（权重在 5 以上），对于公路积雪、降雪、霾等要素，交通运输管理部门专家给出的权重值明显高于气象决策管理部门专家的（图 4-2）。另外，交通运输管理部门专家对于风吹雪、阵风、团雾、冰雹等调查中未提及的要素也有一定需求，可见不同的行业领域对于公路交通气象要素的需求是不同的。这也表明在公路交通气象决策服务工作中，应更加深入了解用户需求，根据不同需求制作相应服务产品。

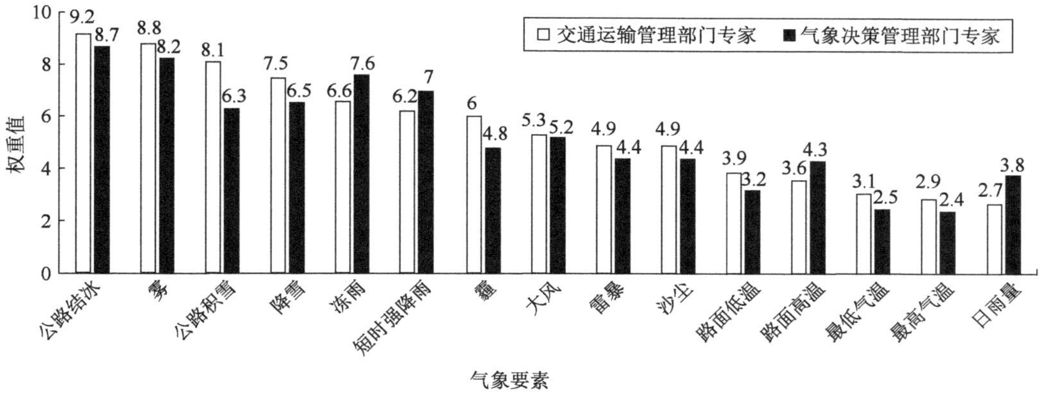

图 4-2 交通和气象部门专家给出的公路交通气象决策服务中不同气象要素的权重值

3）产品类型和时段需求

在重大气象灾害天气过程和重大突发事件的服务中，针对公路交通气象监测、预报、预警和评估 4 类产品均有较高需求；在节假日服务中，针对公路交通气象影响评估类产品的需求较低；而在重要活动保障服务中，针对公路交通气象预报类产品的需求最大。另外，不同类型的服务产品关注的气象要素也有所不同（图 4-3）。监测类产品对低能见度最为关注，公路积雪次之；预报类产品对雨雪和大雾要素最为关注，其次是大风；预警类产品对大雾预警最为关注，其次是暴雨预警和台风预警，此外，对寒潮预警的关注度也比较高；影响评估类产品对低能见度、冰冻雨雪的关注度很高，达 90% 以上。另外，专家指出路面状态、公路结冰、团雾也是监测和预报中比较关注的要素。总体来看，低能见度及雨雪要素是交通决策气象服务中最为关注的要素。

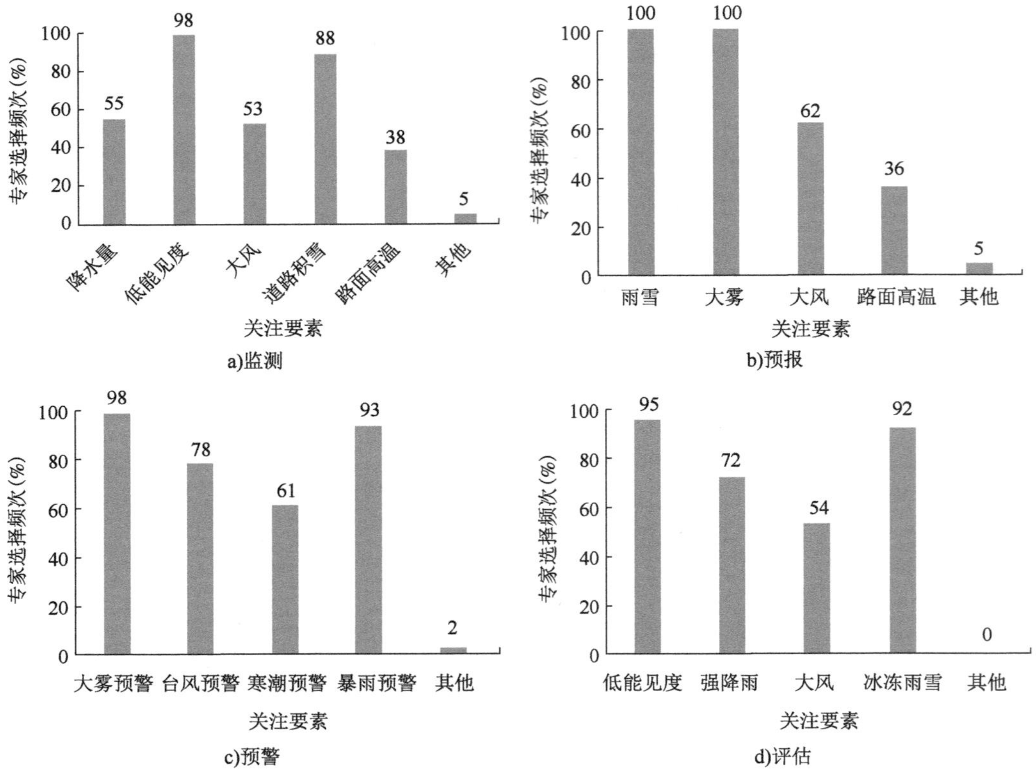

图 4-3　公路交通气象服务产品主要关注要素

从产品需求时段上(图 4-4)可以看出,监测类产品主要关注逐小时时段,预报和预警类产品中主要关注未来 3 ~ 12h 时段,而影响评估类产品关注时效分散,主要关注日、月、季度时段。

从产品表现形式的需求上看,监测、预报、预警和影响评估 4 类产品均应采用图形、文字和表格相结合的表现形式,并以图形和文字形式为主。另外,产品内容上应体现影响要素、影响时段、影响区域、影响路段、可能造成的影响、建议与措施,其中影响要素、影响时段、影响路段最为重要(需求在 90% 以上)。

4)产品获取提前量和途径需求

专家在公路交通气象服务产品获取提前量上认同度不太一致,比较分散[图 4-5a)],其中选择频次最多的是“提前 24h”,达 56%。此外,专家认为通过网络、手机客户端、共享平台等渠道获取最为便捷[图 4-5b)]。

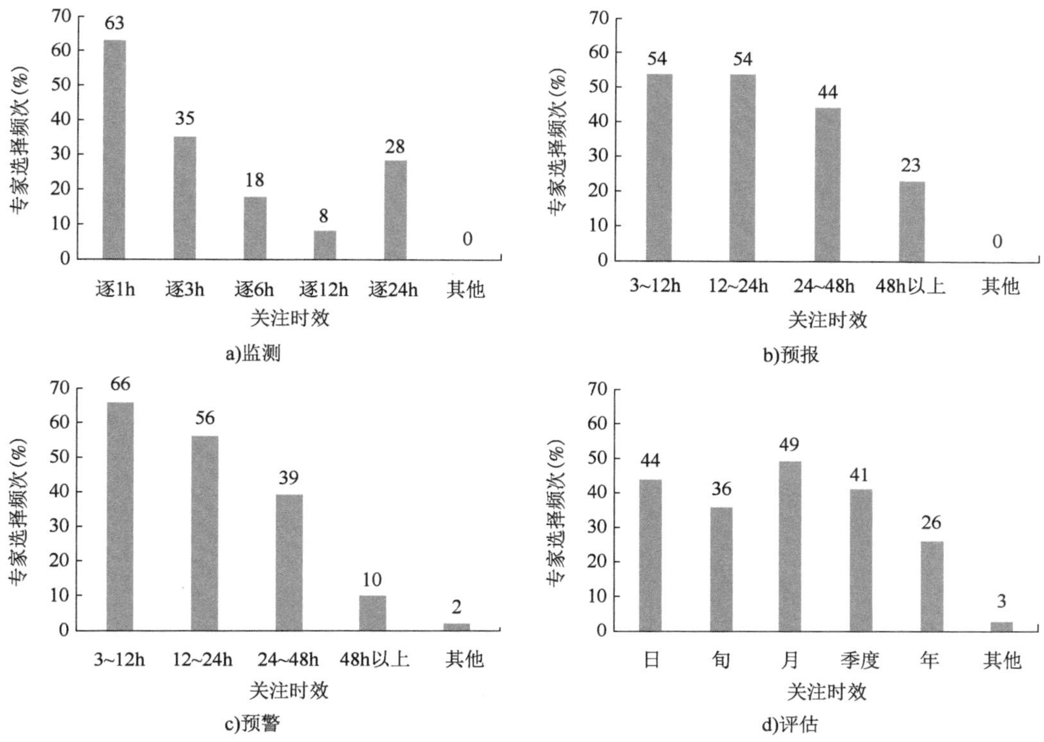

图 4-4　公路交通气象服务产品的关注时效

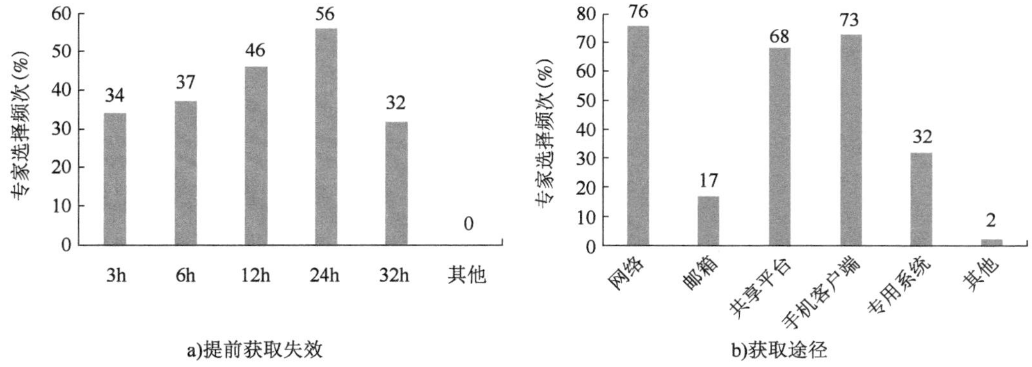

图 4-5　公路交通气象服务产品获取时效和途径

5)公路交通气象服务改进方向

专家领域不同对未来公路交通气象服务改进方向的建议也有很大的差异。交通运输管理部门专家建议应在气象服务产品的时空精度、专业气象预警发布渠道建设、部门间联络与合作、信息资料交换与共享等方面加强和改进，而气象决策管理专家则建议应在天气预报准确率和技术水平、气象服务产品的时空精度、气象服务产品形式的直观与美观、专业气象预警发布渠道建设等方面改进和提升(图4-6)。对比发现,气象服务产品的时空精度、专业气象预警发布渠道建设两个方面都得到了双方专家的认可,应作为未来改进工作的重点方向。

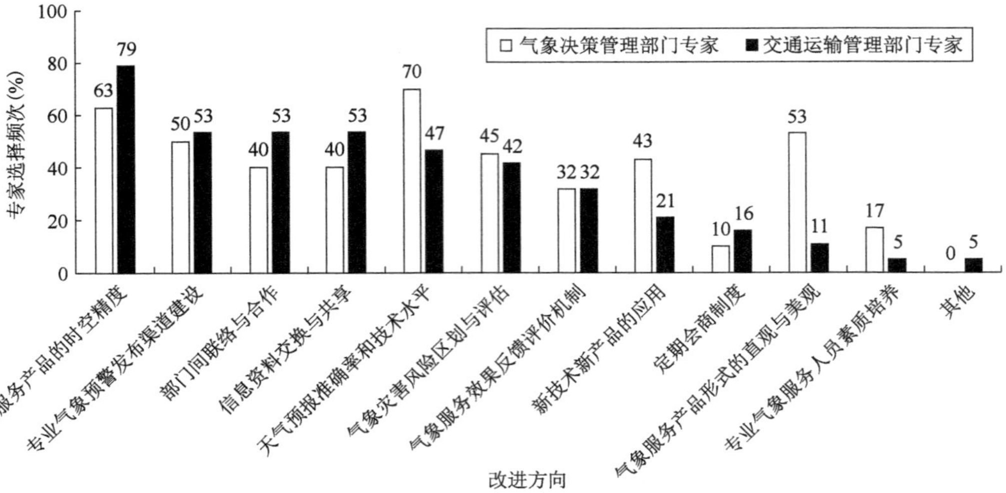

图4-6　公路交通气象服务未来改进的方向

4.1.3　调研结论

通过调研分析气象、交通、公安等多部门决策服务管理者对公路交通气象服务的需求,有效掌握了决策服务管理者对现有公路交通气象服务工作评价情况,同时,了解了不同服务对象在要素、时效、产品形式及提供渠道等方面的需求情况,为后续开展针对性的公路交通气象服务奠定了基础,主要结论如下:

(1)不同部门的专家对现有公路交通决策服务工作总体满意度较高,并普遍认为公路交通气象服务在公路运输、运行调度、应急救援、宏观决策等方面发挥作用明显。

(2)不同类型的决策服务产品关注的气象要素和时效有所不同。监测类产品对低能见度、公路积雪要素最为关注;预报类产品对雨雪和大雾要素最为关注;预警类产品对大雾最为关注;影响评估类产品对低能见度最为关注。监测类产品主要关注逐小时时段,预报和预警类产品重点关注未来3~12h时段,而影响评估类产品主要关注日、月、季度时段。

(3)服务产品应采用图形、文字和表格相结合的表现形式,并应突出影响要素、影响时段、影响路段等内容。同时,专家建议未来应重点围绕提高气象服务产品的时空精度和加强专业气象预警发布渠道建设来改进公路交通气象服务工作。

如何更加科学有效地为防灾减灾服务,为满足经济社会发展和人民群众安康服务,为保障国家建设交通强国服务，是公路交通气象服务面临的重大任务。针对提高公路交通气象服务的针对性、敏感性、时效性，更好地发挥气象在交通保障服务中的作用，提出几点建议：

（1）加强用户需求分析和服务效果评价反馈机制建设。利用座谈、走访、电话咨询、问卷调查等方式，加强与服务对象的沟通交流，深入了解不同服务对象的差异化需求，同时，结合公路阻断、交通事故等信息资料，针对服务的及时性、准确性、全面性、指导性等方面开展定性、定量的服务效果评价，逐步建立常态化的服务需求分析和效果反馈沟通流程和机制，在需求分析和服务效果评价中不断总结和改进，提高服务的针对性。

（2）加强公路交通气象服务支撑技术研究。针对服务中高度关注的低能见度、大雾、雨雪等高影响天气，进一步加强气象卫星、雷达、GPS/MET（全球定位系统气象观测）、公路视频等新资料、新技术应用，加强精细化智能格点及数值预报产品试用，不断提高高影响天气的监测、预报预警的精细化水平，同时，结合大数据分析和人工智能技术，深入挖掘高影响天气与公路交通安全和交通出行关系，研究基于气象信息的公路交通安全和出行形势研判技术、交通事故预报预警技术、公路交通气象灾害影响评估技术等，为决策服务提供具体明确的公路交通气象灾害影响、防范对策和建议，提升服务的精准性、专业性。

（3）加强公路气象预警发布渠道建设。规范完善各类服务如节假日、重大突发事件、重要天气过程、重要活动等公路交通气象服务的内容和工作流程，规范公路气象预警信息发布标准，整合气象和交通运输管理部门内部信息发布渠道，建立通过网络专线、共享平台、手机客户端、国家突发预警信息发布平台等多途径的信息共享发布渠道，实现气象监测、预报预警信息向公安交通运输管理部门及公路运输管理部门的快速送达，提高服务的及时性。

4.2 公路工程基础设施规划与建设对公路交通气象服务的需求

随着国民经济的发展，公路建设呈现飞速发展的趋势，1988 年我国高速公路实现了零的突破，结束了中国大陆没有高速公路的历史。公路建设投资巨大、工期长、露天施工、距离长，受气候条件的制约因素多，季节性强，难以实现常年连续施工作业，这影响了公路建设的速度和投资效益的发挥。尤其是山区公路，虽然在线路布置和线路设计中已考虑到气象、水文等的极端因素，但强降雨、连续性降雨易诱发山体滑坡和洪水泛滥等，影响其建设工期和质量，从而造成公路建设期不应有的损失。为把极端气象因子造成的损失降到最低，缩短公路建设工期，达到最优的工程质量，施工中必须将天气状况和建设工程结合起来统筹考虑施工进度计划及工序衔接，做出最合理的安排，保证工程各方面的顺利进行。

4.2.1 公路工程施工区域气候背景的调查分析

气象灾害对航空、铁路、公路、管道交通乃至交通服务的设施、信息、地勤系统产生不利影响，这种影响因地域、季节、灾种、交通条件的不同，差异明显，轻则影响交通通畅，重则导致重大交通事故，给国家和人民的生命财产带来损失。对公路交通气象灾害的防御，最基础的工作是要全面了解运输沿线的天气气候情况，就沿线气象灾害对交通可能产生的影响作出评估，从而为公路工程规划、设计、施工及运营，提供防御气象灾害的基础信息。对公路工程气象灾害影响的评估主要通过对施工区域的气候背景调查、重点区域或地点的现场气象要素监测等进行研究分析，对气象灾害可能产生的影响作出评估，并给出工程使用期内的极端气象参数等来实现。

1）公路工程施工区域气候背景调查的必要性

我国幅员辽阔，地理环境复杂多变，各地、各区域因地理环境的不同，气象灾害的灾种、时空分布、频率、强度及影响程度存在明显的差异。即使在相同的气候条件下，因局地特殊的地理环境（如河流、山谷等）效应，也会产生一些具有局地特征的气象灾害（如团雾、峡谷风）。而公路工程一般绵延成百上千公里，跨越江河、湖泊、山川，面临着各种气象灾害的威胁，公路工程施工区域气候背景调查分析是工程规划、设计、施工、运营、管理以及驾驶人员掌握沿线气象灾害的重要手段。

2）气候条件对公路工程施工的影响

（1）施工期对施工的影响

最佳施工期是指在自然天气条件下最适合室外施工的气候阶段，通常以月平均气温和降雨季节为基础，选择和安排项目建设进度。

根据行业技术规范，我国春秋季以日平均气温≥5℃为标准，夏季以日平均气温≤23℃为标准，气温超出此范围的施工都必须采取相应措施。根据陕西气候特点，陕北 11 月 15 日至次年 3 月 30 日必须停止主体施工，关中、陕南的最佳施工期较陕北长，主要集中在 2—12 月。夏秋季降水较多时，应避免土方的深挖深填，土方回填和混凝土浇筑项目尽量避开雨天和高温天气，以免影响工程的质量。

（2）气象因子对施工的影响

公路工程施工线较长，露天作业受天气因素制约，影响建设工期的主要气象因子有温度、降雨。

①温度对路面施工的影响

公路路面包括沥青路面和水泥混凝土路面，而路面施工属于大规模长时间的野外连续作业，受气候条件的影响较大，降水、高低温天气对施工的质量影响很大。

沥青路面的施工工艺中有许多环节都涉及温度控制，无论是沥青混合料拌和工艺还是碾压工艺，温度都是质量控制的关键点之一。环境温度、湿度、风力都会严重影响沥青混合料的温度控制，从而影响到沥青路面压实度、孔隙率、抗渗性、耐久性等各个方面。

水泥混凝土路面施工现场的气温达到30℃以上时，属于高温施工。高温环境下水泥混凝土浇筑，在不同程度上影响其强度形成。当施工环境气温过高，又无其他保障措施时，应停止水泥混凝土路面浇注施工。水泥混凝土路面强度完全形成前，环境温差过大，会导致混凝土局部开裂、起皮、松散等病害的产生。低温环境中，如果不采用蒸汽养护等特殊工艺，应停止水泥混凝土路面浇注施工。低温环境不利于水泥混凝土的强度形成。

②降雨对路基施工的影响

降雨对公路工程多个工序都有影响。其中对土石方路基施工的影响最为明显。路基施工包括土石方开挖、土石方回填、边坡支护等多项施工工序，不宜在降雨集中的季节进行施工。强降雨会对已开挖完成的工作面产生冲刷破坏，局部积水会导致路基不均匀沉降。土石方回填时，遇到降雨发生，会导致填料含水率不满足施工控制要求，路基压实度达不到设计要求。边坡支护施工时，如遇到强降雨发生，会导致边坡局部坍方、失稳等病害的产生。

3）公路工程施工区域气候背景的调查方法

气候背景调查分析对公路工程规划、设计、施工和运营至关重要，会影响公路工程的使用和后期效益的发挥。如何开展公路工程施工区域气候背景调查，才能达到预期的目的呢？根据江苏省气象科学研究所多年来公路工程施工区域气候背景调查分析的工作经验，可将调查分析工作分为以下几个阶段：

（1）充分的沟通。虽然总体来说，影响公路工程的主要气象灾害包括暴雨及其诱发的山洪、滑坡、崩塌、泥石流，雷暴、浓雾、冻雨、积雪、结冰、龙卷风、台风、大风、湍流、沙尘暴、高温、低温、风暴潮等，但不同的工程有不同的特点，因其时空尺度不同、性质不同，对气象灾害的敏感程度和影响程度也有所不同。即便对同一工程而言，不同阶段对气象条件的要求也各不相同。比如，川藏公路是公路建设史上的一个创举，它的修建受到气候变暖影响下冻土环境变化的极大挑战，冻土退化、年平均地温升高、地下冰融化、多年冻土厚度减薄等都会直接影响和威胁川藏公路路基、桥涵、大中型桥梁地基、旱桥地基等的稳定性。另外，气候变化也将引起铁路沿线多年冻土退化、草场退化、沙漠化、工程环境的破坏。气温的升高直接影响冻土工程环境，对于正在施工的建筑物，将增大冻害的破坏强度和数量，而对于拟建的建筑物，这种不稳定的寒区工程环境也将增大建筑物设计原则选取及冻土稳定性确定的难度，使寒区建筑物的工程设计面临复杂的气候研究工作。因此，在全球变暖气候背景下，川藏公路沿线多年冻土变化的趋势和影响，成为川藏公路修建过程中气候可行性设计论证必须考虑的一个重要因素。对于超长大跨径大桥而言，风的影响至关重要，桥梁设计风参数的正确取值，直接影响工程投资及工程使用的安全性。为此，类似桥梁的抗风设计应更加关注桥位风况及其影响；而在大桥施工阶段，长悬臂和水上施工更应关注风暴潮的影响，施工单位需要知道大风及风暴潮的时间分布，据此合理安排施工计划，减少不利气象条件可能产生的影响。

因此，公路工程气象调查分析人员必须了解各类气象灾害对公路工程建设、运营的可能影响，并在正式开展气象调查前与工程建设单位以及设计、施工单位进行充分的沟通，了解拟建工程的地理位置、各路段工程结构的特点、对气象灾害的敏感程度、运营安全要求等，并做好跟踪随访，及时掌握新的变化。这样，才能避免气象调查分析的盲目性，防止因对需求不了解，仅围绕气象开展调查，致使调查缺乏针对性，造成人力、物力的无谓浪费。

(2)有效的规划和设计。公路工程气象调查分析有时因工程进展的需要，或收集、研究当地气象状况的需要，可能持续数月、数年。有的工程项目往往提前10多年就开展气象观测，积累有关气象数据。同时，由于调查涉及的范围广、参与人员多(有时可能涉及多个部门)、工作任务交叉，因此，对公路工程气象调查分析进行有效的规划、设计，编制工作大纲就显得尤为重要。

一般的公路工程气象调查分析工作大纲应明确开展工作的目的、意义，工程规划、设计等部门对气象调查的需求，调查研究拟开展的工作内容，采用的各种技术思路、工作方法、实施依据，统一技术标准、观测规范，预期可能取得的工作成果，以及工作计划进度和人员分工等。必要时应邀请相关专家对工作大纲进行评审论证，在论证的基础上，汲取专家建议，修改完善工作大纲，以确保调查分析工作的可行性、科学性和调查分析结果的有效性。

（3）完整的资料收集。对拟建公路工程沿线或周边气象状况作出全面、客观的分析，需依赖于对其沿线或周边气象信息的完整收集。资料收集，不仅要收集邻近国家所设气象观测站的观测资料，而且要收集水文站、生态站等与气象密切相关的资料，还要查阅当地档案、民政等部门所记载的灾情资料；不仅要收集历史观测记录，而且要收集观测台站的沿革资料，包括观测起止时间、观测地点变更、观测仪器变化、观测制度变化、台站海拔高度、观测仪器高度、观测环境变化等，还要收集气象灾害对当地的影响情况，为后续确定资料可靠性、规范化订正处理及评估灾害影响程度提供依据。

（4）必要的野外踏勘。拟建工程可能跨越特殊的地理、地貌，沿线或周边可能存在一些特殊的天气气候，而这些区域的天气气候特征一般不一定是当地的气象观测站资料所能代表的，如新疆达坂"三十里风区"。这些特殊区域的不良气象条件由于不能直接反映在常规气象观测记录中而被人们所忽视，而恰恰这些特殊区域的异常天气对公路交通形成严重影响。就是因为对这些区域缺乏足够的认识，防御措施无法到位，才导致灾害来临往往措手不及。因此，对公路工程沿线或周边开展必要的野外踏勘，找出这些可能与气象站气象状况存在明显差异的地段是非常必要的。

（5）特殊的现场观测。特殊地理环境可能造成特殊的中小尺度天气特征。正如前文所述，这些特殊天气特征有时会表现得尤其猛烈，给公路工程建设、运营带来意想不到的影响。这些区域的气候状况到底如何，不能只满足于定性的描述，还需要对现场进行设点观测。有些工程对气象因素十分敏感，气象参数的取值大小直接影响工程设计和运营安全，而这些工程又必须建设在该区域，如大跨径桥梁往往建设在大江、大河、海峡、山谷区域，这些大桥由于其高、长、柔、大的结构特性使得其施工、运营对气象条件十分敏感。这些区域一般与标准场地的常规气象观测站存在较大差异，尤其是一些特殊的设计气象参数并非常规气象观测的内容。此时，施工区域气象状况到底如何，设计气象参数如何取值，这些问题的回答需要在这些区域临时设置气象观测站开展观测和研究，以深入了解工程所在区域的特殊气象状况。

特殊气象观测站测点的选择必须具有代表性，不同测点之间的观测资料可以相互比较。也就是说，测点应该设置在那些对该施工区域来说最具典型的地段上，该地段的细致局部特征可以通过特征点上的观测资料加以研究。特殊气象观测站测点一般分为三类，即基本点、辅助点和对照点。基本点选在施工区域最典型的区段，基本点的观测项目应较为齐全，而辅助点一般设在施工区域基本点的另一端（如河流、峡谷的对面），辅助点的数量、位置可以根据施工区域地理状况进行适当增减,其观测内容可视具体情况适当减少。

由于任何工程前期的野外观测都不可能持续很长的时间,因此,选择测点位置同时应考虑临时野外观测资料与具有长序列气象资料的气象台站的联系,即同时在附近气象台站设立同步观测站,采用相同仪器进行同步观测(这个选定的气象台站即是观测的对照点)。这样,就可以将施工区域的短序列野外观测资料与邻近气象台站的资料进行对比,分析其异同,建立两者间的关系,并据此将短序列资料订正为长期资料。

特殊的气象观测仪器必须选用符合气象观测要求的仪器,安装前须进行仪器检定,必要时还应该安装备份设备。同时,观测塔等基础设施的建设必须牢固,以确保观测的连续性和数据的可靠性。

另外,由于条件的限制,施工区域内的一些关键区段甚至连定点观测都无法实现,如江海湖中央、峡谷地上空工程设施高处,此时,可采用一些流动辅助观测来获取几天甚至几小时的资料,为研究这些区域与基本点气象状况差异提供基础数据。

(6)辅助的调查手段。一些施工区域的气象灾害状况,仅仅通过查阅气象、水文资料难以反映其全貌,尤其对那些发生在气象观测站以外的中小尺度天气(如龙卷风),由于其发生范围小、时间短,记载会有遗漏,有些人迹罕至的区域遗漏可能更多,这就需要通过一些辅助调查的手段进行调查分析。例如,对当地有经验的老人进行调查访问,根据自然物候现象反推历史气候状况,根据现象描述对龙卷等级分类采用多位专家综合打分评定,根据树木年轮疏密推断当地降水情况等。这些辅助调查有助于对施工区域气象状况的细致了解。

(7)合理的统计分析。在获得公路工程沿线及周边区域各种完整的历史数据和现场同步观测数据的基础上,采用合理的统计分析方法,对资料的真伪进行甄别、检查、判断,对不同观测方式的资料进行规一化订正处理。在此基础上,采用合理的方法进行统计分析,区分不同的施工区域段,给出各施工区域段的主要气象要素特征值及时空分布规律,揭示各种气象灾害发生的时空分布,包括出现的地点、频率、危害程度及对工程建设、运营的潜在危害。

(8)综合编制报告。根据调查分析及统计计算结果,按照工作大纲要求,将分散的各种数据、结论整理汇编成册。报告应做到结构、层次分明,图文并茂,分析结论依据充分。报告还应同时提出交通工程施工和运营后可能出现的气候灾害问题及其防御建议等。

(9)专家评审验收。公路工程气候调查报告是否全面反映了工程沿线及周边的气象全貌,采用的方法是否合理,提出的建议是否科学,是否满足工程建设的需要,专家对报告的评审验收也是调查分析不可缺少的环节。通过专家评审,可以发现调查分析工作存在的遗漏甚至错误的结论，为调查报告的修改、完善及后续进一步的气象灾害影响评估提供依据。

至此，公路工程施工区域的气候背景调查分析基本完成，工程建设单位则以此为依据进行合理的规划、设计和建设，并在建设、运营过程中采取适当的措施，规避和减轻气象灾害对交通产生的影响。

4）公路工程施工区域气候背景调查的重要意义

随着经济社会发展，公路工程建设项目日益增多，建设规模也越来越大，大型公路工程尤其是主干线路建设长度达数千千米，穿越不同类型的气候区，导致很多重大公路工程施工区域的天气气候条件非常复杂。从工程建设持续时间来看，重大公路工程建设一般都会持续数年或更长时间。毫无疑问，无论是工程建设还是交通运营均会直接受到不同天气、气候因素的影响，并可能面临各种气象灾害的威胁。重大公路工程的建设从勘察、规划、设计、施工到建成后的运营管理，都与其经过地区的温度、降水、大风和高寒冻土等有着密切的关系，气象问题渗透到公路工程建设、运营的各个环节，稍有疏忽就可能造成难以挽回的重大损失。

公路工程的建设、运营过程对天气、气候的敏感性表现在多个方面：工程的规划选址、设计方案的确定、建设原材料的选取、施工质量和安全的保证、施工计划及施工工效、运输过程管理、投资效益分析、灾害防御与应急措施、劳动力价值等均受大气环境、天气、气候条件的直接影响。同时，由于交通线路各段的地理环境差异、海拔高度不同，天气气候对它的影响亦不同，应恰当设定防御标准，采取必要的防范措施，既要避免防御过当大幅增加投资，又要防止防御标准过低而给工程建设、运营留下安全隐患，这些决策和计划都要依赖于对施工区域气候状况的全面了解，依赖于对施工区域气象条件的科学评估。如机场的选址应尽量选择气流比较平稳、对流性天气相对较少或强度较小、雷击少发、低能见度天气少的区域，若选择不当，就可能经常出现航班延误，降低机场投资效益，增大飞行事故发生的概率。如果交通工程必须经过一些气象条件恶劣地段，设计中则需考虑防御措施，如在新疆的“三十里风区”需设置警示牌、风障，加强气象环境监测、预警，限制车速等。

浓雾、暴雨、大雪、大风等恶劣天气以及衍生的气象灾害已经成为交通安全的“杀手”。工程建设及运营过程中，工程设施能否在使用期经受住当地各种极端天气气候灾害的袭击，交通运输能否在恶劣天气条件下保证安全、通畅，建设投资能否在预定周期内回收，这些类似与施工区域气候条件有关的问题均需在充分了解施工区域气候背景的基础上才能解决,不考虑工程沿线气象因素的影响,必定留下事故隐患,达不到预期的目的。

多年来,我国公路工程建设及运营气候背景调查工作由于未形成制度化、规范化,存在不少问题,亟待加强和完善。特别是有的公路工程建设项目前期气候背景调查不充分,对公路工程施工区域的气候背景了解不清楚,对气候变化给公路工程所造成的影响估计不足,未按照当地天气气候背景采取必要的防御措施,当出现气象灾害时,给工程建设、运营和生态环境带来了严重危害,造成重大经济损失和人员伤亡。

因此,为了减少气象灾害对公路工程的影响,增强工程应对各种气象灾害的能力,必须加强公路工程立项前的气候背景调查,保障工程的建设与运营安全。任何一项公路工程建设在正式确定之前,都应该对施工区域进行气候背景调查,并以此为基础开展气候可行性论证。论证中不仅要考虑气象灾害对公路工程建设的可能影响,还要从环境保护、防灾减灾等角度考虑公路工程建设对气候和环境的可能影响;并从气候资源合理开发利用角度,建立公路工程项目的气候可行性评价系统,提高项目规划、选址的科学性以及施工建设、运营期间的安全性和可靠性,减少因气象灾害引发的安全事故。

4.2.2 公路工程施工气候影响分区规划

公路作为一种暴露在自然环境中的线性建筑物,其施工受到各种自然因素的影响,其中气候因素是一个重要方面。在不利气候条件下往往需要采取附加的施工措施,甚至需要停工,以保证工程质量。我国幅员辽阔,气候类型复杂多样,各地气候条件差异巨大,公路工程施工人员需要了解影响公路工程施工的气候条件分布状况,以便针对当地气候条件,制订合理的施工计划,估算工程费用。国内外研究人员开展过一些气候对公路影响的研究,但针对影响公路工程施工的气候条件的研究开展得较少。借助自然区划的研究方法,从气候对公路工程施工的影响以及工程实践的需求出发,开展公路工程施工气候影响分区研究,以提供从总体上认识影响公路工程施工的气候条件分布和异同性的平台。

1)气候对公路工程施工的影响

公路工程施工主要受施工期间温度、降水、风等要素的影响。冰冻出现时,大部分的工序需要停止施工或采取低温施工措施。例如无机结合料类稳定材料强度的形成依赖于一定的温湿度条件,温湿度不满足要求时不利于强度的形成。对于水泥类材料,温差过大又会导致结构本身出现裂缝。对于热拌沥青类材料,施工温度是质量控制的关键点之一，在气温较低的情况下，温度散失过快，碾压质量不易保证。在有雨的情况下，大部分的现场施工都不能进行；雨后气候比较潮湿，有些工序的施工仍不能进行，有些工序虽可以施工，但需要采取一些措施。大风情况下，水分散失比较快，无机结合料类稳定材料常会产生干缩裂缝。另外，扬尘还会造成环境污染。

2）分区目的和分区指标

通过上述分析可以发现，温度、降水和风是影响公路工程施工的主要气象条件。温度中低温对公路工程施工的影响尤为显著。由于大风天气只是局部分布的，而且影响区域比较分散，因此，在公路工程施工气候影响分区不考虑风的影响。根据上述分析，结合工程实践的需要，公路工程施工气候影响分区的目的是体现不利于公路工程施工的低温和降水等气候条件的地域性差异，提供从总体上认识相关气候条件异同性的平台。

根据公路工程施工气候影响分区的目的，分区应当选择体现不利于公路工程施工的低温条件和降水条件指标作为划分指标。工程人员最为关注的是一年中大约有多长时间适宜施工，多长时间不利于施工，不利气候条件主要有哪些。根据工程实践的具体需求，确定以累年年施工温度不利天数（CLHD0℃）和累年年施工降水不利天数（CLPD0.1mm）作为划分指标，体现不利于公路工程施工的低温条件和降水条件。

3）分区等级层次

公路工程施工气候影响分区共选择了两个划分指标，分别体现不同的施工不利条件。影响公路工程施工的低温条件常是连续出现的，一旦进入低温期，常需要一段较长的施工不利期。而影响公路工程施工的降水条件并不是经常连续出现的。从这一角度出发，两个划分指标具有不同的性质，应当在不同的层次中加以体现。将公路工程施工气候影响分区分为两个等级：一级分区利用 CLHD0℃ 进行划分，二级分区利用 CLPD0.1mm进行划分。

4）分区方法和步骤

分区工作是在地理信息系统平台 ArcGIS 上完成的，使用的气象资料参照国家气象信息中心气象资料室发布内容，包括 1971—2000 年间 739 个气象站点的相关气候要素值。公路工程施工气候影响分区采用单指标聚类分析、指标划分和图层叠置三种方法来完成，具体步骤如下：

①利用普通克里金估计方法对 CLHD0℃ 和 CLPD0.1mm 进行空间化，生成 5km × 5km 栅格数据，进而从各指标的 5km × 5km 栅格数据中提取全国公路范围内均匀分布的插值

点数据，进行单指标系统聚类分析，根据相关统计量确定合适的分类类数，寻找各指标的分界点，并进行适当的调整。

②利用 ArcMap 软件生成 CLHD0℃在其分界点处的等值线，以 CLHD0℃的等值线划分一级分区，并对局部进行适当调整。

③利用 ArcMap 软件生成 CLPD0.1mm 在其分界点处的等值线，与一级分区界限相叠加，进行叠置分析，得出二级分区。

（1）聚类分析

分别对指标 CLHD0℃和 CLPD0.1mm 进行了单指标聚类分析，最终选择将 CLHD0℃分为 4 类，CLPD0.1mm 分为 5 类。通过聚类分析获得的指标分类界限比较零碎，因此对这些界限进行了调整，调整后的各个类别的分布区间列于表 4-1 和表 4-2。

CLHD0℃分类界限 表 4-1

类别	下界	上界	调整下界	调整上界
1	1	65	—	60
2	154	214	150	—
3	66	115	60	120
4	116	153	120	150

CLPD0.1mm 分类界限 表 4-2

类别	下界	上界	调整下界	调整上界
1	144	175	140	—
2	12	40	—	40
3	41	85	40	80
4	110	143	110	140
5	86	109	80	110

（2）划分指标等值线

指标的等值线图是利用指标划分法进行分区的基础，为此分别绘制了指标 CLHD0℃和 CLPD0.1mm 对应各自调整分类界限的等值线图。其中 FI = 30℃等值线作为区分冰冻与非冰冻区的界线。

5）分区方案

利用 CLHD0℃在分界点上的等值线以及 FI = 30℃等值线，进行指标划分，通过局部调整得到公路工程施工气候影响分区的一级分区。在一级分区的基础上，叠加 CLPD0.1mm 在分界点上的等值线，通过叠置分析，得到公路工程施工气候影响分区的二级分区。一级分区指标列于表 4-3。二级分区指标列于表 4-4。

一级分区指标

表 4-3

一级分区	CLHD0℃(d)	一级分区	CLHD0℃(d)
Ⅰ	>150	Ⅴ	>150
Ⅱ	120~150	Ⅵ	<60
Ⅲ	60~120	Ⅶ	无显著冰冻
Ⅳ	60~120		

二级分区指标

表 4-4

二级分区	CLPD0.1mm(d)	二级分区	CLPD0.1mm(d)
$Ⅰ_A$	110~140	$Ⅳ_E$	<40
$Ⅰ_B$	80~110	$Ⅴ_A$	>140
$Ⅰ_{C1}$ $Ⅰ_{C2}$ $Ⅰ_{C3}$	40~80	$Ⅴ_B$	110~140
$Ⅱ_A$	>140	$Ⅴ_C$	80~110
$Ⅱ_{B1}$ $Ⅱ_{B2}$ $Ⅱ_{B3}$	110~140	$Ⅴ_D$	40~80
$Ⅱ_{C1}$ $Ⅱ_{C2}$ $Ⅱ_{C3}$ $Ⅱ_{C4}$ $Ⅱ_{C5}$	80~110	$Ⅴ_E$	<40
$Ⅱ_{D1}$ $Ⅱ_{D2}$ $Ⅱ_{D3}$ $Ⅱ_{D4}$	40~80	$Ⅵ_{A1}$ $Ⅵ_{A2}$	>140
$Ⅱ_E$	<40	$Ⅵ_{B1}$ $Ⅵ_{B2}$	110~140
$Ⅲ_A$	40~80	$Ⅵ_C$	80~110
$Ⅲ_B$	<40	$Ⅵ_D$	<40
$Ⅳ_{A1}$ $Ⅳ_{A2}$	>140	$Ⅶ_A$	>140
$Ⅳ_{B1}$ $Ⅳ_{B2}$ $Ⅳ_{B3}$	110~140	$Ⅶ_{B1}$ $Ⅶ_{B2}$ $Ⅶ_{B3}$	110~140
$Ⅳ_{C1}$ $Ⅳ_{C2}$ $Ⅳ_{C3}$	80~110	$Ⅶ_C$	80~110
$Ⅳ_D$	40~80		

公路工程施工气候影响分区共分为 7 个一级分区和 47 个二级分区。其中以位于东北和青藏高原的Ⅰ区和Ⅴ区的累年年施工热量不利天数 CLHD0℃最多,均超过 150d。位于南方的Ⅶ区则基本不受低温的影响。Ⅰ区和Ⅴ区的 CLHD0℃均超过 150d,Ⅲ区和Ⅳ区的 CLHD0℃均处于 60~120d 之间,这些指标值相同的区域是根据共轭性原则划分开的,低温条件对施工期的影响是相近的。

在同一一级分区内,二级分区名中下标由 A 到 E 的变化,表示累年年施工降水不利天数 CLPD0.1mm 逐渐减小,在全国范围,以位于西北的 $Ⅱ_E$、$Ⅲ_B$、$Ⅳ_E$ 和 $Ⅴ_E$ 区 CLPD 0.1mm最小,小于 40d;以位于西南和华南的 $Ⅱ_A$、$Ⅳ_{A1}$、$Ⅳ_{A2}$、$Ⅴ_A$、$Ⅵ_{A1}$、$Ⅵ_{A2}$ 和 $Ⅶ_A$ 区 CLPD0.1mm 最大,均大于 140d。

6）小结

将影响公路工程施工的气候条件分为热量不利条件和水分不利条件进行研究，并针对各不利气候条件，引入累年年施工热量不利天数和累年年施工降水不利天数用于分区划分，同时引入累年年冰冻指数作为分区辅助指标。利用单指标聚类分析、指标划分和图层叠置等方法，拟定了我国公路工程施工气候影响分区方案，共分为 7 个一级分区和 47 个二级分区，分区成果归纳为分区指标表进行展示，体现了我国不利于公路工程施工的温度和降水等气候条件的地域性差异。

4.2.3 公路工程施工区域气象影响评估

对公路工程建设、运营而言，要有效地在规划、设计、施工、运营各阶段采取必要的公路交通气象灾害应对措施，有效地规避和减轻灾害带来的损失，仅仅开展公路工程施工区域的气候背景调查分析是远远不够的。客观存在的施工区域气象灾害对工程建设、运营到底有何影响，影响程度如何，这需在公路工程施工区域的气候背景调查分析的基础上，全面分析公路工程建设项目所在地区和场地的气候适宜性，恰当评估气象灾害对工程的具体影响及工程建设运营对周边气候、生态环境的作用。要注意不仅仅是对单一的大气环境、气候参数、极值的适宜性分析，还应包括大气水文与生态环境分析、气候对公路工程质量影响分析、公路工程对气候环境影响等综合性的分析和论证。通过科学的评估论证，寻找出气象灾害对公路交通安全影响小、运营时间长、建设投资成本低的最佳设计方案，为交通规划部门科学规划、合理设计提供决策依据，以适应交通工程项目规划与建设的需要。

公路工程建设、运营一般是在露天情况下作业，对天气气候条件的要求比较严格。随着全球气候异常变化，各种气象灾害（如高温、低温、大风、暴雨等）的发生频率增加，对公路工程的建设、运营不利，轻则影响工程质量与工程进度，重则造成破坏性甚至毁灭性损失。气象灾害对公路工程建设的可能影响评估，主要目的是在研究历史气候规律的基础上，针对公路工程的建设和建成后的运营等方面可能面临的气候异常现象及其影响机制进行诊断分析与风险评估。在此基础上，对公路工程的功能效益进行论证，评价其生态环境效益，给出气候异常对重大工程各阶段将产生影响的可能范围及程度，为工程设计部门提供气象咨询服务。

1）评估方法

气象灾害对公路工程建设运营的影响评估是一个基于数据资料、运行经验、直观认识的科学过程，首先要将气象灾害的风险量化，便于进行分析、比较，为公路工程的建设和运营提供科学决策的依据，从而能够运用有限的人力、财力和物力等资源条件，采取最合理的措施，达到最有效地减少公路工程风险的目的。气象灾害对公路工程的影响评估可以运用许多实用技术和方法，这些方法大体可以分成以下三类：

（1）定性分析。即采用专家意见来确定某种气象灾害的发生概率及其对公路工程建设和运营的影响，如历史资料反查法、灾害预估分析法、假设状况分析法、安全性审查法、危险和可操作性分析法等。这里以灾害预估分析法为例说明定性分析法。运用灾害预估分析法的目的主要是辨识工程建设和运营过程中潜在的气象灾害风险、可能的影响因素，进而确定气象灾害的风险等级，并制定相应的安全对策措施，防止事故发生。运用灾害预估分析法可以大体识别与公路工程有关的主要气象灾害；分析、判断气象灾害可能引发事故的原因；评价事故后果，包括对人员、工程产生的影响，可能的损失、破坏情况；确定气象灾害的风险等级；提出消灭或控制风险、预防气象灾害的安全对策措施。灾害预估分析法是对气象灾害对公路工程和运营影响评估进一步进行分析的先导，主要是宏观上的分析，属于定性的安全评价方法。该方法的优点是简单易行、经济有效；能为工程建设和运营分析和设计提供指南；能识别可能的风险，用很少的费用、时间就可以实现改进。该方法一般在工程建设的初期使用。灾害预估分析法的主要步骤如下：

①危害辨识：通过经验判断、技术诊断等方法，查找公路工程建设和运营中可能存在的气象灾害。辨识依据主要包括工程性质、工艺、设备和设施、工作环境、操作规程和管理制度等。

②确定可能发生的事故类型：根据过去的经验教训，分析气象灾害对公路工程建设和运营的影响，分析事故的可能类型。

③针对已确定的气象灾害类型，制定气象灾害预估分析表。

④确定气象灾害的危害等级，按危害等级排出次序，以便按计划处理。

⑤制定预防事故发生的安全对策措施。

（2）定量分析。即采用统计方法和现有的灾害数据库来确定公路工程施工区域灾害性天气的发生概率和影响后果，如事件（事故）树分析法、失效模式及其影响危害度分析方法、影响图法、贝叶斯网络法、敏感性因子法、概率风险评估等。这里以常用的事件树分析法为例为说明定量分析法的原理。

一起事故的发生，是许多原因事件相继发生的结果，其中，一些事件的发生是以另一些事件首先发生（比如某种气象灾害的出现）为条件的，而一些事件的出现又会引起另一些事件的出现，在事件发生的顺序上存在着因果的逻辑关系。事件树分析法是一种时序逻辑的事故分析方法，它以一初始事件(此处就是某种气象条件)为起点，按照事故的发展顺序分成阶段，一步一步地进行分析，每一事件可能的后续事件只能取完全对立的两种状态(成功或失败、正常或事故、安全或危险等)之一的原则，逐步向结果方面发展，直到产生事故为止。所分析的情况用树枝状图表示，故叫事件树。运用这种方法可以定量计算出各阶段的概率，最终了解事故发展过程中各种状态的发生概率。

应用事件树作定量分析是指根据每一事件的发生概率，计算各种途径的事故发生概率，比较各种途径概率值的大小，作出事故发生可能性序列，确定最易发生事故的途径。一般来讲，当各事件之间相互统计独立时，其定量分析比较简单；当事件之间相互统计不独立时，其定量分析变得非常复杂。这里仅讨论前一种情况。

①各发展途径的概率：各发展途径的概率等于自初始事件(某种气象灾害)开始，各事件发生概率的乘积。

②事故发生概率：事件树定量分析中，事故发生概率等于导致事故的各发展途径的概率和。定量分析要有事件概率数据作为计算的依据，而且事件过程的状态又是多种多样的，一般都因缺少概率数据而不能实现定量分析。

③事故预防：事件树分析法把事故的发生发展过程表述得清楚而有条理，为设计事故预防方案、制定事故预防措施提供了有力的依据。从事件树上可以看出，气象灾害对公路工程运营的影响是一系列气象灾害和施工、运营过程的各个环节相互作用的发展结果，如果中断这种发展过程就可以避免事故发生。因此，在事故发展过程的各阶段，应采取各种可能措施，控制事件的可能性状态，降低危害状态出现概率，增大安全状态出现概率，把事件发展过程引向安全的发展途径。采取在事件不同发展阶段阻截事件向危险状态转化的措施，最好在事件发展前期过程实现，从而产生阻截多种事故发生的效果。但有时因为技术、经济等原因无法控制，这时就要在事件发展后期过程采取控制措施。显然，要在各个事件发展途径上都采取措施才行。具体到气象对公路工程的影响来说，最初的控制应当是阻止灾害性天气的发生，比如常用的人工影响天气法，当该方法不能实现控制时，则需要在工程建设过程中每个具体的环节进行控制(比如采取防风、防雨措施)，阻止气象灾害对事件的继续影响。

(3)半定量分析。这是一种介于前述两种方法之间的方法，如事件(事故)树分析法、简易风险回溯法。前面所述的事件树分析法也可以作为一种半定量的分析方法，前半部分计算事故概率的过程采用定量方法，而最终给出一个定性的结果，这就是一种半定量的分析方法。

定性气象灾害影响评估方法是一种典型的模糊评估方法，可以快速地对气象灾害的影响进行评估，对现有的防范措施进行评价，从主观角度对公路工程风险进行排序。定量评估方法是对影响程度的量化，分析目标更加具体准确，可信度较高，可为决策分析提供可信赖的依据。半定量的评估方法采用的是定量的评估方法，但是它不产生定量的分析结果。

2）评估流程

根据公路工程施工区域的主要气象灾害选择评估方法，首先要确定气象灾害与公路工程之间的关系，在此基础上再明确需要评价的主要气象灾害。对于大型的公路工程，为使评估工作易于进行，可以将大型工程分成若干子工程进行分析，每一个子工程可以单独进行分析，并最终加以综合，形成对整个公路工程的气象灾害评估。

（1）主要气象灾害的风险识别

这一步的目的在于找出气象灾害对公路工程所有可能的影响。用于识别风险的方法有危险与可操作性（HAZOP）分析、失效模式与后果分析（FMEA）等，但没有一种方法可以保证一个完全的危险识别，只能依赖于良好的工程判断力和丰富的经验相结合。

（2）原因及后果分析

原因分析的目的是估计每一种主要气象灾害产生的原因及概率，这可以直接从以往的统计资料得到；也可以通过事件树分析来建立灾害产生的逻辑模型，进而找出详细的原因并计算发生的概率；还可以用可靠性方法估计对公路工程的影响概率。对于一些特殊情况，如动态的过程、人的行为，需要用到一些特殊的方法。后果分析是要找出灾害性天气对公路工程产生影响的发展过程，形成对每一种影响结果的描述，并估算每一种影响结果的发生概率以及可能造成的严重后果。在描述影响情况方面，事件树分析是有效的常用方法，它的每一分支代表了一种影响情况。在因果分析过程中，对于那些可能性很小且造成的后果又很轻微的天气情况，应及时排除在进一步分析之外，从而减少不必要的工作。

（3）气象灾害对公路工程影响的风险估算

气象灾害对公路工程的影响评估是通过综合原因分析和后果分析的结果来进行的，一般来说，应当建立起对公路工程建设和运营风险的概率描述。其结果可以提供满足一定气象灾害风险准则的设计方案以及选择方案的各种气象灾害影响概率，以便通过比较找出影响公路工程的主要气象灾害，并提出改进和防范意见等。

4.2.4　公路工程施工区域极端气象条件的确定

公路工程的相关活动是在大气边界层内进行的，其规划、设计、施工、运营均受到气象条件的影响和制约。工程的设计及施工对气象条件的防御一般以使用期内的极端气象条件作为设计依据,而极端气象条件往往以某些气象参数的极值来表征。如大型桥梁的抗风设计是以桥位百年一遇的设计基本风速和基准风速作为设计依据;大型悬臂式施工则以施工区域30年一遇的风速采取相应防范措施。在公路桥涵的设计过程中需要根据工程的使用年限确定相应重现期的设计雨强、设计洪水水位等。很明显,极端气象参数或条件的确定是工程设计、建设及运营的基本条件,这些极端气象条件的确定必须尽可能地科学、合理,能够反映施工区域的实际,取值过大会造成巨额浪费,有时甚至造成工程结构设计困难;取值过低则使工程使用期内的安全度降低,甚至造成不堪设想的后果。1940年11月7日,美国华盛顿州建成才4个月的塔科马(Tacoma)悬索桥在20m/s风速作用下发生强力振动,最终导致桥面折断坠落峡谷中,其根本原因是设计风参数取值失当,致使相应的抗风措施设计不到位。

4.3 公路运营安全需求分析

为了进一步做好针对性强的公路交通气象服务,成立了公路交通气象服务效益评估小组,就各种灾害性天气对公路交通安全的影响进行了分析。经分析认为:公路交通运输以及公路交通安全管理行业更加关注强降水、雷暴、大风、积雪等对其安全运营的影响,对气象部门提供的气象服务产品总体需求度、满意度较高,但气象部门在气象服务产品的精细化、针对性方面还需要进一步提高。气象服务贡献率及效益值在不同公路交通子行业中不同。针对不同气象条件对公路交通的影响,主要确定了两方面的调查评估内容:一是气象敏感度、气象服务需求度和气象服务满意度调查评估;二是应用气象产品(或服务)产生的服务效益占本行业年产值的比例(即气象服务贡献率)。根据深层次调查分析,对气象条件与公路交通安全运输之间的关系有了更深一步的认识。影响公路交通的主要气象条件如下:

(1)降水。降水对交通运营的影响主要表现在两方面:一是降水天气过程使路况、能见度发生显著变化,对交通产生不利影响;二是降水过后产生的存留物对路况和公路交通持续造成不良影响。

降水天气对公路交通运营的影响与降水性质、强度、降水量有密切关系。下雨时,路面潮湿或出现积水,使路面摩擦系数降低,车辆行驶时出现打滑和制动失阻及制动有效距离加长,从而造成交通事故。降水强度越大、降水量越大,对路况和车辆行驶的影响越大。同时，降水越强，能见度越差，影响驾驶人员对前方目标物的判断，易发生交通事故，造成公路拥堵，影响公路的运营收益。降水天气结束后，存留在路面的积水对公路交通的影响还会持续。

（2）降雪。降雪和雨夹雪比降水天气对公路交通的影响更加显著。若公路设施较好，路面积水会很快流走、蒸发，对公路交通影响小些；而降雪对公路交通影响较大，路面形成积雪或冰冻层，若清理不及时，对交通影响持续时间较长。车辆在冰雪路面上行驶，因汽车轮胎与路面的摩擦系数减小，附着力大大降低，汽车驱动轮很容易打滑或空转，尤其是上坡、起步、停车时还会出现溜车；车辆在行驶中如果突然加速或减速，很容易造成侧滑及跑偏；遇情况紧急制动时，制动距离会大大加长，高于一般干燥路面的 4 倍以上；由于冰雪的影响，非机动车或者行人有时会发生突然摔倒或偏离正常行进方向的问题。

（3）气温。气温对交通的影响主要表现在高温和低温天气。气温太高，驾驶人员休息不好，驾车注意力不集中；对汽车车况影响大，水箱中的水易沸腾，长时间行驶还易造成爆胎而引发交通事故。有关试验证明，车内温度 $>27℃$ 时，驾驶人员对于危险的反应时间比温度 $<23℃$ 时慢 0.3s，车速为 60km/h 时反应慢 0.3s，意味着驾驶人员采取紧急制动或绕开障碍物时，汽车要多行驶五六米，这是酷暑行车事故发生率比平常气温时高 50% ~80% 的重要原因。寒冷季节，气温降到 0℃ 或 0℃ 以下时，路面易结霜或结冰，使路面摩擦系数下降，有降水天气时路面易结冰，车轮打滑和制动失阻现象严重，驾驶人员驾车时发生交通事故概率较高。

（4）能见度。能见度对高速公路的影响非常大，如果能见度较小，容易发生多辆汽车追尾事故。能见度越小对公路交通的影响越大，产生不良能见度的因素很多，有雾、降水、大风、扬沙、浮尘等天气现象。雾和降水是影响公路交通能见度最常见的天气现象，秋冬季大雾较多，对公路交通的影响较明显。

（5）大风。风对于公路交通的影响与水上运输相比要小得多，风对于行车安全的直接影响主要表现在大风使车辆行驶阻力增大，影响行车稳定性。此外，大风天气中，高速行驶的两车之间容易形成气体对流干扰现象，影响车辆行驶的稳定性，易造成交通事故。当车辆迎风行驶时，车身易发生摆动；当风从车辆侧面刮来时，转弯时转向盘不易控制，高速行驶的高架载货汽车和大型客车车身易发生倾斜，严重时甚至发生车辆倾覆事件。

4.3.1　公路运营安全系统概述

随着我国经济的迅速发展，公路通车里程不断增加。截至 2023 年底，我国公路通车里程已达543.68万km。公路网的形成和完善,有力地推动着经济社会的繁荣和发展。然而,自然灾害、恶劣天气、交通事故等突发事件影响到公路的正常运行,给公路的运营管理带来了严峻的挑战。实践表明,提升公路运营的关键在于对公路的运行状况进行实时监测与分析,从而及时发现、处理公路上的突发事件。

为了保障公路运营安全,一些经济发达国家在经历高速公路大规模建设之后,相继建立了公路监控系统。加拿大多伦多市较早地在高速公路上实施交通监控,其高速公路交通管理系统(Freeway Traffic Management System,FTMS)已从最初的单路控制Mississauga试验段,发展到Burlington系统,再发展到401公路COM-PASS系统,目前已经形成了囊括417公路及上述几个系统于一体的大多伦多区域高速公路管理系统,堪称高速公路交通管理系统成功发展的典范。此外,美国明尼苏达州的事故中交通快速分流系统(During Incident VehiclesExit to Reduce Time,DIVERT)、马里兰州的公路应急处置协调系统(Coordinated Highways Action Response Team,CHART)、纽约和新泽西区域交通运营协调委员会的事故与交通管理系统(TRANSMIT,TRANSCOM's Systems for Managing Incidents and Traffic)、芝加哥的先进的驾驶人员和车辆导航咨询系统(Advance Driver and Vehicle Advisory Navigation Concept,ADVANCE)等也都成功应用。

目前,我国也已建立一些较为完备的公路监控系统。广佛高速公路全长15.97km,其监控系统是国家“七五”攻关项目“高速公路监控系统研究”的依托工程。全线布设车辆检测器,每组间隔500~1500m不等,共设9组检测器。陕西省高速公路综合监控系统是陕西省高速公路信息化工程的主要组成部分,特别是在2008年冰雪灾害和“5·12”汶川大地震后,其建设的重要性和迫切性日益凸显。同时,该系统也是贯彻落实交通运输部建设全国高速公路视频联网监测系统工作要求的重要举措。然而,现有的公路监控系统对公路信息的监测往往不够全面。例如,现有的监控系统往往更重视交通信息、气象信息、异常事件信息的采集,而对于公路基础设施信息则考虑很少。事实上,公路基础设施对公路运营安全影响很大,特别是一些重要桥梁、隧道往往是整个公路网的瓶颈路段,一旦发生坍塌将直接导致交通中断。可见,将公路基础设施纳入公路信息监测很有必要。

4.3.2 公路运营安全影响因素分析

1)公路交通突发事件的分类

《公路交通突发事件应急预案》将公路交通突发事件归纳为自然灾害、公路交通运输生产事故、公共卫生事件和社会安全事件4类。参照上述分类,可以将公路交通突发事件划分如下：

自然灾害：主要包括气象灾害（如大雾、暴雪、冰雹、台风等）、地质灾害（如台风、暴雨造成的水毁、滑坡、塌方、泥石流等）以及地震灾害等。

公路交通运输生产事故：主要包括交通事故、公路工程建设事故、危险货物运输事故。

公共卫生事件：主要包括传染病疫情、群体性不明原因疾病、食品安全和职业危害、动物疫情以及其他严重影响公众健康和生命安全的事件。

社会安全事件：主要包括恐怖袭击事件、经济安全事件和涉外突发事件等。

2）公路运营安全的影响因素

在公路“人-车-路-环境”组成的动态交通系统中，各方面因素都会对行车安全产生较大的影响。按照影响因素是否随着时间变化，可将之划分为静态因素和动态因素2类（表4-5）。

影响公路运营安全因素的分类　　表4-5

类别		影响因素
静态因素	驾驶人条件	年龄、性格、生理状态、心理状态、驾驶习惯
	车辆条件	车辆组成、车辆性能
	道路条件	道路线形、路面结构、视距
	环境条件	地形条件、生态条件
动态因素	交通状况	交通量、车速、密度
	气象状况	雨、雪、雾、风等气象因素
	基础设施状况	桥梁、隧道、边坡的结构安全，是否有坍塌、滑坡等
	异常事件	交通拥堵、交通事故、临时施工

静态因素主要是指与“硬件”有关的因素，包括公路本身的特征、交通工程设施特征、路侧地形和环境等。如果没有人的影响，这些因素在很长一段时间内将保持不变，其对公路运营安全的影响具有稳定性与长期性。降低静态因素对公路运营安全的消极影响，必须通过一定的工程手段，如工程改造、设施升级或增加设施等。

与静态因素不同，动态因素的出现和消失往往带有一定的突然性，对公路运营安全的影响具有动态性与短时性。对于这类动态因素，由于无法预测其发生的时间和地点，因而只能依靠相关机构（包括公路管理部门、交警部门、消防部门、医院等）加强协作，及时发现突发事件并采取一定的补救措施，以尽可能降低其消极影响。为了减少这类因素对公路运行的负面效应，发达国家普遍建立了先进的公路交通管理系统，并取得了良好的实施效果，其公路交通管理系统的核心正是运用先进的信息技术对公路的运行状况进行监控。可见，实时监测公路运营状况，特别是一些动态因素，是改善公路运营安全的重要途径。

4.3.3 公路运营安全动态影响因素的监测

从实际经验来看，需要进行监测的动态因素主要包括交通状况、气象状况、基础设施状况及异常事件。下面分析这些动态因素的信息采集需求，并确定其监测指标。

1）动态影响因素的信息采集需求

（1）交通信息

交通流由大量的车辆构成，对于每一辆车而言，四周的车辆共同构成其行车环境。显然，车辆的运行不仅受公路环境影响，同时也受到周围车辆的影响，并表现出一定的交通流特性。交通流特性一般可以通过交通量、车速、交通密度、占有率等参数来加以表征。交通信息的采集主要通过监测交通流参数实现。

（2）气象信息

气象条件是影响公路运营安全的主要因素之一。不良气象条件，如雾、雨、冰雪、大风以及高温等，都会影响公路运行安全。不良的天气条件会改变公路的表面状况，破坏车轮与地面的正常接触，降低能见度，影响驾驶人员的视距。此外，气象条件还会影响驾驶人员的心理状态。衡量气象条件对交通安全影响的指标主要有两大类：一是天气状况类指标，包括温度、湿度、风速、风向、气压、降水、能见度等；二是路面状况类指标，包括路面温度、干湿度等。因此，气象信息的采集也应当包括上述两类指标。

（3）基础设施信息

公路基础设施中的边坡、桥梁、隧道等基础设施的自身结构安全状况会不同程度地影响到公路的运营安全。桥梁、隧道作为路网中的瓶颈路段对路网的通畅、安全运营影响重大，一旦发生坍塌将直接导致交通中断，严重影响交通运行。此外，边坡稳定状况对公路的运营也非常重要，如果边坡发生崩塌、滑坡等情况，大多会造成公路交通中断。因此，有必要对公路的桥梁、隧道和边坡等关键部位进行监测。

桥梁检测一般分为经常检查、定期检查和特殊检查，检测指标的选择取决于检测性质，检测方法除了常见的人工调查外，还包括仪器检测和仪器监测。仪器检测是通过采用一系列桥梁检测仪器采集桥梁检测数据，对桥梁状况进行定量化分析，多见于桥梁特殊检查。仪器检测需要通过相应的桥梁试验来完成检测,检测指标包括桥梁应力指标、变形指标和振动指标三类。仪器监测主要指桥梁环境监测,对桥梁关键界面的位移和应力进行全天候不间断的监测,以了解其工作状态。

隧道经过长期运营往往会出现渗漏水、衬砌裂损、冻害等各种病害以及火灾等灾害,对隧道的安全构成威胁。隧道监测内容主要包括土建结构状况和机电设施。隧道的土建结构状况反映了隧道的结构安全状况,土建结构病害往往影响着隧道内行车安全,如渗漏水、路面病害、衬砌散落物、洞口崩塌等。当隧道土建结构严重破坏时,隧道内结构坠落物、隧道垮塌等灾害都会直接危及人们的生命安全。由于隧道空间封闭、与外部联络受限、通风与照明条件较差,在事故紧急救援、基础设施维护等方面均受到很大制约。只有保证隧道内机电设施正常运营,才能及时发现和处理隧道中的异常状况,从而保障隧道的行车安全。因此,对隧道土建结构状况和机电设施的监测都十分必要。

边坡失稳带来的后果相对较为严重,轻则影响公路正常通车,重则造成重大人员伤亡和财产损失。边坡的监测应包括边坡变形、边坡应力与边坡环境的监测。边坡变形体现了边坡的运动征兆,边坡应力直观反映边坡内部应力特征,而边坡环境则反映了滑坡的形成演化过程中起到推动作用的自然因素的相关情况。

(4)异常事件信息

公路运营过程中会发生交通拥堵、车辆碰撞、车辆追尾、车辆故障和货物散落等意外事件,这些事件如果没有及时发现、处理,极有可能影响到整条公路的安全运营,因而及时掌握异常事件的发生时间、发生地点及事件类型也非常必要。

2)动态影响因素的监测指标

在信息采集需求分析的基础上,进一步讨论相应的监测指标。选取监测指标时应遵循以下原则:

(1)与交通安全联系紧密,即所选取的指标应能很好地体现与公路交通安全的联系。例如:降雨强度和水膜厚度都能直接测量,水膜厚度能反映降雨对车辆轮胎摩擦力的影响,而降雨强度对行车安全影响不大,因而应当采用水膜厚度作为降雨情况下的采集指标。

(2)测量方便。例如:反映车流拥挤状况的密度很难直接测量,应当以占有率替代。

(3)信息采集设备经济性较高。显而易见,在选取指标时还应当考虑相应信息采集设备的经济成本。

依据上述原则，确定了基于高速公路运营安全的信息采集指标，见表4-6。

公路信息采集指标 表4-6

<table>
<tr><th colspan="3">信息类别</th><th>采集指标</th></tr>
<tr><td rowspan="3">交通信息</td><td colspan="2">交通量</td><td>交通流量</td></tr>
<tr><td colspan="2">车速</td><td>车速</td></tr>
<tr><td colspan="2">车流拥挤</td><td>占有率</td></tr>
<tr><td rowspan="4">气象信息</td><td colspan="2">雨</td><td>能见度、水膜厚度</td></tr>
<tr><td colspan="2">雪</td><td>能见度、路面积雪</td></tr>
<tr><td colspan="2">雾</td><td>能见度</td></tr>
<tr><td colspan="2">冰</td><td>路面温度、路面积冰</td></tr>
<tr><td rowspan="10">基础设施信息</td><td rowspan="3">桥梁</td><td>整体性能</td><td>应力、索力、变形、动力性能</td></tr>
<tr><td>荷载、环境</td><td>风荷载、地震荷载、温度</td></tr>
<tr><td>其他项目</td><td>附属设施、缆索锈蚀</td></tr>
<tr><td rowspan="4">隧道</td><td>渗漏水状况</td><td>渗漏水量、漏水 pH 值、漏水冻结状态</td></tr>
<tr><td>材料劣化</td><td>衬砌材质劣化、剥落、钢材腐蚀</td></tr>
<tr><td>外荷载作用</td><td>变形、应变、位移</td></tr>
<tr><td>机电设备</td><td>供电设备、照明设备、通风设备、消防设备、监控设备</td></tr>
<tr><td rowspan="3">边坡</td><td>边坡表面</td><td>位移量、位移速度、裂缝长度、错位</td></tr>
<tr><td>边坡内部</td><td>地下水位、内应力、支护结构应力</td></tr>
<tr><td>环境因素</td><td>降水量、地震强度</td></tr>
<tr><td rowspan="3">异常事件信息</td><td colspan="2">事件时间</td><td rowspan="3">交通量、密度、车速(结合事件检测算法)</td></tr>
<tr><td colspan="2">事件地点</td></tr>
<tr><td colspan="2">事件类型</td></tr>
</table>

其中，异常事件信息是在公路交通信息的基础上，结合事件检测算法获得的。事实上，信息采集主要包括交通、气象和基础设施三方面内容。

4.3.4 基础设施信息采集方式

前面主要讨论了基于公路运营安全的信息采集需求，即需要对哪些指标进行监测，在实施公路信息采集时还需要考虑相应的采集方式，即如何监测这些指标。目前，基于公路运营安全而开展的交通信息监测、气象信息监测的相关研究较多，而从运营安全角度对公路基础设施监测的研究则相对较少，因此，总结和归纳了公路基础设施的信息采集方式。

1)桥梁信息采集

在选择桥梁安全监测方法和设备时,首先要考虑桥梁自身的结构特点和监测位置。在达到所需精度的情况下,还需要考虑监测设备安全便易性和数据传输便捷性。由于附属设施、缆索锈蚀等其他监测项目主要通过人工检测来完成,下面主要介绍桥梁的整体性能监测和荷载、环境监测。

(1)整体性能监测

位移变形监测:桥梁变形综合反映了桥梁结构安全状况,桥梁发生较大的变形往往给人不安全的感观,并且会导致行车困难以及桥面铺装层和辅助设备损坏。位移变形监测主要包括主梁、拱肋的线形(横向、竖向、纵向位移)、索塔偏位、基础沉降等的监测,常用光电测距方法和 GPS 方法监测。光电测距方法是通过布置在主梁、拱肋、索塔、墩台的菱镜,与测量用的全站仪配合使用,从而确定梁、拱肋、索塔、墩台的外形和移动情况,其测量结果易受大风、大雾和雨雪等不良天气因素影响。GPS 方法采用实时差分法进行动态测量,其定位精度可达毫米级,且测量结果不受气象因素的影响。

索力监测:监测悬索桥主缆、斜拉索、吊索等部位的索力是评价桥梁工作状态是否正常的重要途径。了解索力状况,不但可以从总体把握桥梁的安全性和耐久性,还可以从侧面了解钢索的锚固系统与防护系状态以及钢索锈蚀状况。目前,索力监测方法主要有振动法、钢丝振弦应变仪法、光纤传感器法、电阻应变仪法、磁致弹性测力仪法等。由于主缆的不可替代性,为保障监测结果的可靠性,主缆的索力监测通常是通过磁致弹性测力仪连续监测与振动法间接检测相结合的方式进行,而吊索索力通过荷载销与压力盒监测。斜拉索索力与吊杆索力通过振动法得到自振频率和振型,再由索力公式推算得到。

动力特性监测:桥梁结构的频率和振型等模态参数随结构整体性能的变化而改变,因此,动力特性监测是掌握桥梁整体性能的重要方式。一般可以通过对桥梁进行连续的动力特性监测,观察疲劳响应,对结构的可靠性进行评估。加速度传感器是最常用的动力监测设备,由于桥梁的不同的监测部位(主梁、主缆、索塔、吊索、斜拉索)固有振动频率不同,在监测时需要根据具体监测部位,选择技术性能相宜的传感器型号。

应力监测:桥梁应力反映了桥梁结构安全状态,桥梁应力状态出现异常往往直接导致桥梁构件受损。针对桥梁关键界面的应力检测一般需要对桥梁进行静载试验,根据不同桥型拟定不同的传感器布设方案。桥梁应力监测除电阻应变传感器、振弦式传感器等传统传感器之外,目前运用比较广泛的是光纤光栅应力计。光纤光栅应力计具有耐腐蚀、抗电磁干扰、绝缘性好、灵敏度高和经济性高的优点，并能和普通光纤兼容，应用也较为广泛。

(2)荷载、环境监测

风荷载监测：风荷载监测对安全评估中构件的损伤识别、疲劳、结构耐久性的定性和定量分析非常重要。桥梁在风的作用下，容易产生抖振力和自激力。另外，当桥梁位于特殊地形处，往往由于“狭管效应”出现强风，容易造成车辆的侧翻、大幅度侧滑、大幅度旋转等事故。风荷载监测主要由风速风向仪测得，同时还需监测桥梁应力、应变、振动特性，分析不同风荷载条件下的桥梁力学性质。

地震荷载监测：地震通常会使桥梁产生水平方向和竖直方向的振动，造成局部构件的损坏，甚至整体倒塌；此外，地震也使地基变化，造成桥梁跨度伸长或缩短，也可造成桥墩下沉。对桥梁的地震检测一般是通过将地震仪布置在桥梁附近，记录和研究桥梁在地震下的响应。

温度监测：通过对桥梁温度的监测可以获取桥梁温度场的分布状况，了解温度差异对桥梁内力所造成的影响，从而对桥梁应力变化、变形状况进行分析比较，对于桥梁防灾、维修、完善设计等具有重要意义。桥梁温度检测通过布设温度传感器获取数据，一般布设在跨中横断面，也可在四分点断面增加测点。

2)隧道信息采集

在隧道的运营管理中，隧道的安全检测能够及时地发现隐患，从而排除病害灾害，保证高速公路隧道的安全、畅通运营。隧道信息采集主要分为渗透水状况、材料劣化状况、外荷载作用和机电设备。其中，渗漏水状况和材料劣化状况主要采用技术人员人工目测和测量的方法，外荷载作用则可采用仪器监测，机电设备主要采用人工调查。其中，外荷载作用的监测主要包括以下内容：

变形监测：隧道的变形监测常采用光电测距法监测横向、竖向、纵向的三维位移。光电测距法结合反射器与全站仪，形成光载波通信系统，测量发射器与全站仪的相对角度与距离，经过软件分析，确定支护位移情况。

应变监测：监测隧道围岩应变是评估围岩稳定性的重要方式，常用的仪器包括频率计、压力杆、压力盒以及光纤传感器。其中，光纤传感器获得的监测数据较为准确。

位移监测：常规的隧道位移监测分为深部位移监测与收敛位移监测。深部位移监测通过多点式位移计测得，而收敛位移可通过振弦式收敛计和杆式收敛计进行测量。

3)边坡信息采集

边坡监测可分为边坡表面结构监测、边坡内部结构监测与边坡环境监测。

(1)边坡表面结构监测

边坡表面结构监测可分为变形监测与裂缝监测。

变形监测:边坡变形往往预示着滑坡的运动趋势,是边坡灾害发生的最初状态。边坡变形监测指标主要有三维位移量、位移速度。监测仪器有经纬仪、全站仪、GPS 测量仪等。传统的经纬仪和全站仪成本小、灵活性高,而 GPS 测量仪则具有全天候、连续、自动和高精度的优点,在大地测量、城市控制网、大型工程建筑的变形监测等领域的应用也越来越广泛。

裂缝监测:裂缝很大程度上影响着边坡的结构稳定性,裂缝监测的主要指标有裂缝伸缩长度和位错,监测仪器有伸缩仪、千分卡和位错仪等。

(2)边坡内部结构监测

边坡内部结构监测主要包括深部位移监测、地下水监测、应力监测、支护结构监测。

深部位移监测:深部位移监测是评估滑坡变形的重要手段,其监测指标有相对位移和相对位移速度,一般采用多点位移计进行监测。

地下水监测:目前常采用地下水位传感器测量地下水各方面特性。

应力监测:应力监测指标为土体内应力,可采用应力传感器监测。对于边坡应力监测来说,目前较为先进的做法是基于传感器网络和 GPRS 网络进行岩土工程应力监测。

支护结构监测:目前常采用测力计监测支护结构预应力动态变化和长期工作性能。

(3)边坡环境监测

边坡环境监测内容主要有降水监测和震动监测。

降水监测:降水可采用雨量计进行测量,常用的雨量计有翻斗式和虹吸式两种。

震动监测:震动监测可采用一般的地震监测仪器来实施。

CHAPTER FIVE

第5章

恶劣气象条件下公路网运营态势分析

雨、雾、冰、雪、风等恶劣天气是影响我国公路安全行车的主要气象因素,做好突发恶劣天气下的交通应急处置工作是各级公路交通运输管理部门保障交通安全和公路畅通的关键环节。本章结合各级公路交通运输管理部门应对恶劣天气开展交通应急处置工作的经验,梳理了恶劣天气条件下公路交通应急处置的工作流程,分析了应急处置时采取交通管制措施的适用条件及操作办法,总结了处置过程中的重点注意事项。恶劣天气对公路交通的影响见表5-1。

恶劣天气类型、分布和对公路交通的影响 表5-1

天气类型	主要发生地区	对公路交通的影响
暴雨	全国各地均有发生	冲毁或淹没路基、路面、桥涵,易诱发泥石流、滑坡、坍塌等地质灾害,阻塞、掩埋公路,砸毁车辆等
大雾	华北、东北、华东、中南、西南	降低能见度,影响公路交通安全
冰冻	华北、华东、西南	降低路面摩擦力,易发生交通事故
大雪	华北、东北、华东、中南、西北	积雪阻塞公路、减少路面摩擦力、降低车速,行车控制较难,易引发交通事故
大风	华北、华东、中南、西北	大风对重心较高或质量较轻的车辆影响较大,伴随沙尘时影响能见度,易引发交通事故

5.1 公路网运行特征指标体系

5.1.1 公路网特征

1)公路网的概念及分类

公路网是指规划区内的运输节点,以及连接各节点的所有公路路段,按一定的规律有机的组合,并且具有特定功能的集合体。其中,运输节点是指区域内的城市、乡镇及某些物资集散点(矿产区、农牧业集中地、车站、运输港口)。公路路段将运输点节有序连接,构成有机整体,形成公路网。合理的公路网一般都具备一定的通达性和里程长度,具有与路网交通需求相适应的公路技术标准和服务质量,拥有经济合理的平面网络结构。

公路网主要有以下分类形式:按照区域范围大小,可分为国家公路网、省(自治区、直辖市)公路网、地(市)级公路网、县乡公路网四个等级;按照公路的功能,可分为干线公路、地方公路和集散公路三类;按照行政管理,可分为国道、省道、县道和乡道四级;按照技术等级,可分为高速公路、一级公路、二级公路、三级公路和四级公路五级。

2)公路网系统特征

公路网系统的特征主要包括交通流特征、公路特征、公路网的服务水平以及通达深度等方面,如图5-1所示。

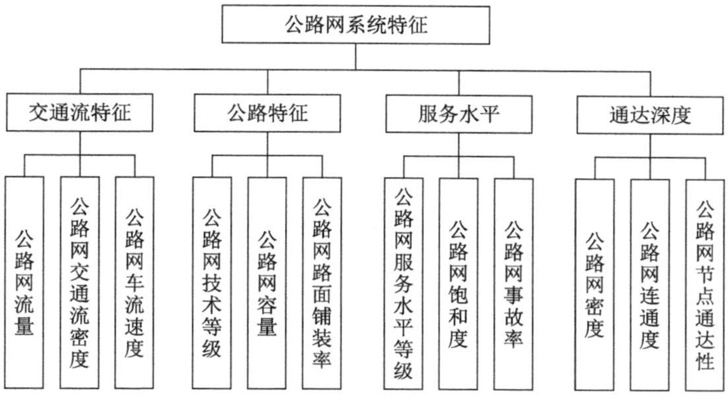

图5-1 公路网系统特征

5.1.2 公路网的交通流特征

描述公路网交通流特征的指标主要有公路网流量、公路网交通流密度、公路网车流速度。

1)公路网流量

公路网流量是指公路网中各路段交通流量里程权的平均值,其计算公式如式(5-1)所示。

$$Q_{\mathrm{n}} = \sum_i Q_i L_i / L_{\mathrm{n}} = \sum_i Q_i P_i \tag{5-1}$$

式中,Q_{n}为公路网交通流量(pcu/h);Q_i为第i段的交通量(pcu/h);L_i为第i段的里程(km);L_{n}为公路网总里程(km),$L_{\mathrm{n}} = \sum L_i$;$P_i$为第$i$条路段的里程权。

2)公路网交通流密度

公路网交通流密度是指某一时刻单位路段上的车辆数,可由各路段上交通流密度的加权平均值来表示。其计算公式如式(5-2)所示。

$$K_{\mathrm{n}} = \frac{N}{L_{\mathrm{n}}} = \sum_i K_i L_i / L_{\mathrm{n}} = \sum_i K_i P_i \tag{5-2}$$

式中，K_n为公路网交通流密度(pcu/km)；N为公路网上某一时刻所有车辆数(pcu)；K_i为第i条路段的车流密度(pcu/km)。

3)公路网车流密度

公路网车流速度是指公路网中各路段行车速度的调和平均值，其计算公式如式(5-3)所示。

$$v_n = [\sum_i (v_i L_i Q_i)] / \sum_i (L_i Q_i) \tag{5-3}$$

式中，v_n为公路网平均车流速度(km/h)；v_i为第i条路段上车流的平均速度(km/h)。

5.1.3 公路网的公路特征

公路网的公路特征主要由公路网技术等级、公路网容量、公路网路面铺装率三个指标来反映。

1)公路网技术等级

公路网技术等级是指各路段技术等级里程权的平均值，其计算公式如式(5-4)所示。

$$J_n = \sum_i J_i P_i \tag{5-4}$$

式中，J_n为公路网的技术等级；J_i为路网中第i条路段的技术等级，$i \in \{0,1,2,3,4,5\}$，0～5分别代表高速公路、一级公路、二级公路、三级公路、四级公路、等外公路；P_i为第i条路段的里程权。

2)公路网容量

公路网通行能力是指公路网承载车流量的最大值，其计算公式如式(5-5)所示。

$$C_n = \max(Q_{1n}, Q_{2n}, Q_{3n}, \cdots, Q_{kn}) \tag{5-5}$$

式中，C_n为公路网络的容量(pcu/h)；Q_{kn}为某一交通状态下公路网流量。

3)公路网路面铺装率

公路网路面铺装率是指公路网中有路面铺装的公路里程占公路网总里程的比例，其计算公式如式(5-6)所示。

$$R_n = \frac{L_r}{L_n} \times 100\% \tag{5-6}$$

式中，R_n为公路网的路面铺装率；L_r为高级、次高级路面的里程(km)；L_n为公路网总里程(km)。

5.1.4　公路网的服务水平

公路网的服务水平可由公路网服务水平等级、公路网饱和度、公路网事故率三个指标来衡量。

1）公路网服务水平等级

公路网服务水平等级是指各路段服务水平里程权的平均值，其计算公式如式（5-7）所示。

$$\mathrm{LOS_n} = \sum_{i=1}^{6} \mathrm{LOS}_i \times \mathrm{P}_i \tag{5-7}$$

式中，$\mathrm{LOS_n}$ 为路网服务水平；LOS_i 为第 i 条路段的服务水平，$\mathrm{LOS} \in \{1,2,3,4,5,6\}$，《公路工程技术标准》（JTG B01—2014）将我国公路的服务水平划分为 6 级。

2）公路网饱和度

公路网饱和度是指路网的最大服务交通量与路网基本通行能力之比，其计算公式如式（5-8）所示。

$$\frac{v}{c} = \frac{\sum_i L_i V_i / \sum_i L_i}{\sum_i L_i C_i / \sum_i L_i} = \frac{\sum_i L_i V_i}{\sum_i L_i C_i} \tag{5-8}$$

式中，L_i 为第 i 条路段的里程（km）；V_i 为第 i 条路段的交通量（pcu/h）；C_i 为第 i 条路段的通行能力（pcu/h）。

3）公路网事故率

公路网事故率是指路网中车辆平均每亿车公里所发生的交通事故次数，其计算公式如式（5-9）所示。

$$A_\mathrm{n} = A / (365 \times \sum_{i=0}^{5} Q_i L_i \times 10^8) \tag{5-9}$$

式中，A_n 为公路网事故率；A 为公路网中一年总的交通事故次数；Q_i 为 i 级公路平均日交通量（pcu/h）；L_i 为 i 级公路的里程（km）。

5.1.5　公路网的通达深度

公路网的通达深度通常由公路网密度、公路网连通度、公路网节点通达性三个指标来考察。

1）公路网密度

公路网密度是指每百平方公里或每万人口拥有的公路里程，其计算公式如式（5-10）～式（5-12）所示。

$$D_A = L_n/A \tag{5-10}$$

$$D_P = L_n/p \tag{5-11}$$

$$D = \sqrt{D_A \times D_P} \tag{5-12}$$

式中，D_A 表示路网的面积密度（km/100km^2）；D_P 表示路网的人口密度（km/万人）；D 表示路网的综合密度；A 表示区域面积（100km^2）；p 表示人口数量（万人）。

2）公路网连通度

公路网连通度即公路网中各节点间由路段相互连通的强度，其计算公式如式（5-13）所示。

$$D_n = \frac{L_n/\xi}{H} = \frac{L_n/\xi}{\sqrt{AN}} \tag{5-13}$$

式中，D_n 为路网连通度；H 为相邻两交通节点的平均直线距离（km），$H = \sqrt{AN}$；ξ 为路网弯曲系数，与路线的弯曲及网络形状有关；N 为区域内应连通的节点数目。

不同连通度下的路网示意如图 5-2 所示。

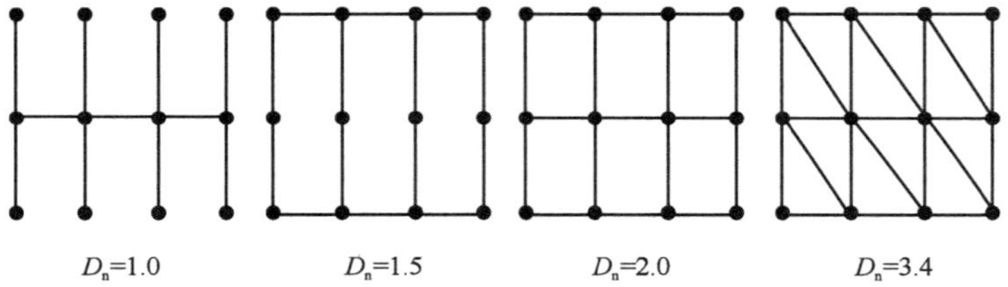

图 5-2　不同连通度下的路网示意图

3）公路网节点通达性

路网节点通达性是指路网中节点与其他节点相互联系程度的指标，与该节点连接的路段越多，节点通达性就越好。

5.2　恶劣天气条件对公路行车安全和运营的影响

恶劣天气包括雾天、暴雨天、雪天、冰冻等。恶劣天气通过降低公路的摩擦力、降低路面的能见度以及降低车辆制动能力等，对公路的交通安全造成影响，并造成公路通行能力下降，如果不及时对公路的运行采取措施，则导致公路出现拥堵或中断的情况，进而造成重大的经济损失。

5.2.1 恶劣天气条件对公路交通安全的影响

1)雾天对公路交通安全的影响

(1)能见度下降。雾气中含有的水分,特别是浓雾中的水汽,会阻挡出行者的视线,降低行车时的能见度,对驾驶人员获取路况信息、车辆行驶间距等带来严重干扰,进而影响驾驶人员的驾驶行为,极易发生交通事故。同时还会对光散射和聚集,使公路上的目标显得模糊不清。出行者无法看清前后方车辆、周边环境、沿线的交通设施、公路沿线因公路工程施工所设的障碍物等,就会造成出行者对速度和车辆间距做出错误的判断,无法辨别相关设施所显示的内容,增加前后两车甚至多辆车辆追尾事故发生的概率,进而造成公路的拥堵。

(2)出行者心理变化。出行者行驶在雾天条件下的公路上,由于视线的限制,导致出行者产生不同的心理压力,无法发挥正常的驾驶水平,特别对于女性或者中老年出行者,会有更大程度的影响。据有关调查,70%的出行者在雾天出行会严重紧张,85%的出行者由于严重紧张会注意力高度集中,造成驾驶疲劳。大部分的出行者在驾驶疲劳的情况下会发生驾驶姿势的严重变形,易形成不正常的驾驶行为,造成公路交通事故。

(3)降低路面摩擦力。雾气还会对路面有一定的湿润作用,造成地面潮湿形成水膜,导致行驶车辆和路面之间的摩擦力减小。摩擦力的减小会造成车辆的难以控制,使车辆制动距离增加,尤其在高等级公路上,更容易造成高速行驶的车辆车轮打滑、制动跑偏。根据历年的交通事故统计年报,我国公路发生的交通事故中每年都会有4%左右的交通事故是由于雾天造成的,虽然所占比例并不是很大,但几乎只要有雾发生就会发生交通事故,并且随着雾的浓度的增加,公路发生交通事故的次数及频率都会增加。

2)大风对公路交通安全的影响

大风天气对公路交通安全带来的影响主要体现在以下几点:一是大风会增加车辆行驶阻力,降低行驶过程中车辆稳定性;二是大风会对行人或骑驾非机动车的人员造成较大干扰,如将尘沙吹到眼睛中或吹起吹落衣帽等,对其注意力造成严重干扰,加之大风会影响行走或骑驾车路线,大大增加了与机动车发生碰撞的概率;三是大风天气给超车过程带来威胁,尤其是在高速行驶过程中超越大型车辆时,超车时产生的气体对流加之大风干扰,严重影响车辆行驶的稳定性,从而引发交通事故。

3)雨天对公路交通安全的影响

雨水不仅影响行车时的能见度,还会降低路面的摩擦系数,使路面变滑,大大增加制动距离,无疑增加了行车风险,使交通事故发生可能性增大。在不同等级的降雨中,小雨的危害系数很高,甚至超过了大雨的危害程度。其原因在于小雨对行车时的视野影响较小,驾驶人员容易放松警惕,但小雨可将路面的尘埃湿润成为很好的润滑剂,在出现突发情况时,紧急制动距离增长而引发交通事故,已成为某些公路雨天交通事故发生的主要原因。

暴雨天气时,出行者的视线会严重受到影响。一方面,由于雨水会在车辆风窗玻璃前形成水幕,或者左右两边的车辆尤其是大型车辆行驶溅起的水花,驾驶人员只能看清被车辆刮水器所清理的部分。另一方面,雨天的湿度会增加,温度会降低,造成车内外的温度差,在车辆风窗玻璃上形成水雾,严重影响驾驶人员的视线。此外,雨天的路面会积水或变潮湿,潮湿的路面对光线的反射作用很强,造成驾驶人员更难识别前方情况,尤其是夜间行车。

除上述雨天对驾驶人员视线的影响之外,雨天还会造成公路路面积水。路面积水是造成交通事故很重要的因素。车辆行驶在积水的路面上,水的阻力会使得车辆悬浮,并且由于高等级公路上行驶的车辆速度快,水的润滑作用就会更明显。在悬浮的状态下,车辆的制动和转向作用不明显,就会使得车辆不受控制,进而造成交通事故。

4)冰雪天气对公路交通安全的影响

相比降水而言,降雪天气对公路交通安全的影响更为严重。降雪经过车轮碾压后会出现冰冻现象,大大降低了地面的摩擦系数,车轮的抓地能力大幅下降,制动能力严重降低,在遇到突发情况进行紧急制动时容易出现侧翻、追尾、连环相撞事故。此外,在降雪天气,汽车起步困难,尤其在上坡路段,容易出现向后滑与后车相撞的问题。降雪还会掩盖路面原来坑洼部分或者障碍物等,给行车安全带来很大安全隐患。

冰雪天气是冬季多发的恶劣天气,特别以我国北方发生最多。冰雪是由于温度降低,大气中的水由液体变为固体,当飘雪强度达到一定程度时,就会影响到路面的可见度,造成出行者无法看清路面及周边环境。而雪降到路面,由于其固态的特性,会减小车辆与路面的摩擦力,造成车辆打滑。由于长时间的寒冷天气,造成路面积水无法以液态的形式排出,在路面凝结成冰。由于冰的摩擦力极小,会导致车辆不可控,发生打滑或侧翻事故。

冰雪天气的形成是多种复杂气象因素共同造成的,多发生于北方寒冷地区、高山高原地区、河流湖泊的桥面等的公路。一旦发生冰雪天气,将会给公路运营带来严重的影响,一方面不仅易发生交通事故,另一方面,公路管理部门在管理的时候很难切入现场,事故后无法及时救援等。

上述几种恶劣天气，对公路交通安全影响的共同点是能见度降低、路面摩擦力减小等。因此，需要提前预测恶劣天气的发生，及时把握恶劣天气的严重程度，实施合理的诱导和控制策略，降低公路发生交通事故的概率，保证公路的安全快速运营。

5.2.2　恶劣天气条件对公路运营的影响

恶劣天气对公路的交通安全造成影响，会造成公路通行能力下降，如果不及时对公路运行采取措施，势必会造成公路出现拥堵或中断的情况，进而造成重大的经济损失。

1）公路拥堵和中断

公路的拥堵和中断主要有两类：一类是偶发性的。偶发性的交通拥堵或公路中断主要是受突发事件的影响，管理部门需对公路交通进行限制或者对公路采取关闭通道的措施。如发生大雾天气，管理部门会根据大雾的能见度不同，采取限速或限流的措施，在大雾浓度达到一定值并且无法保证车辆安全行驶的情况下，采取关闭公路或封闭公路某条车道的措施。另一类是常发性的。常发性的交通拥堵或公路中断主要是指在某些特定路段或时期产生的拥堵或中断，如施工路段、节假日等。

公路的拥堵和中断所造成的危害是不容忽视的，特别是拥堵所造成的危害。公路的拥堵增大了交通事故发生的概率，发生交通事故会使得拥堵加剧，进而给管理部门实施营救带来更大的阻碍，也会造成巨大的经济损失。除此之外，拥堵对于资源的浪费也是不容小觑的。

2）经济损失

恶劣天气不仅会加大公路交通事故发生的概率，也会使得公路所发生交通事故的严重程度加大。恶劣天气带来的交通事故会造成车毁人亡，造成重大的经济损失，主要包括：恶劣天气造成的交通事故直接经济损失、公路关闭或拥堵的通行费损失以及其他社会效益损失等。

由此可见，恶劣天气造成的公路交通事故，其所带来的经济损失是多方面且巨大的，对于恶劣天气对公路运营及安全的影响的研究十分重要，需要在研究中寻找规律及特征，再根据规律及特征寻求措施。

5.2.3　评价路网运行态势参数

1）行程车速

行程车速是车辆行驶路程除以行程时间（包括停车时间）之商，也称全行程车速。

所有车辆或其中某类车辆所行经的距离之和除以其行程时间之和所得的商，称为平均全行程车速。行程车速可用来衡量路线通畅程度，评价恶劣气象条件下路网的运行状态。根据定义，可得到路段及路网平均全行程车速的计算公式。

路段平均行程车速的计算公式如式(5-14)所示。

$$v_a = \frac{\sum_{i=1}^{n} d_i}{\sum_{i=1}^{n} t_i} \tag{5-14}$$

式中，v_a为路段 a 的行程车速；d_i为时间t_i内车辆 i 在路段 a 上的行驶距离；n 为检测到的车辆数。

路网平均行程车速的计算公式如式(5-15)所示。

$$v_N = \frac{\sum_{a=1}^{m}\sum_{i=1}^{m} d_{ai}}{\sum_{a=1}^{m}\sum_{i=1}^{m} t_{ai}} \tag{5-15}$$

式中，v_N为路网 N 的行程车速；d_{ai}为时间t_i内车辆 i 在路段 a 上的行驶距离；t_{ai}为路段 a 上车辆 i 的行驶时间，$t_{ai} = t_i$。

所以，式(5-15)可进一步表达为：

$$v_N = \frac{\sum_{a=1}^{m}\sum_{i=1}^{m} d_{ai}}{Qt_i} \tag{5-16}$$

式中，Q 为路网 N 中检测到的车辆数，显然，$Q = \sum_{i=1}^{m} n_{ai}$，$n_a$为路段 a 上检测到的车辆数。

对于路网运营态势预测需要用到的路段行程车速，需要根据预测的路段行程时间来进行计算，因此，结合下文中的式(5-19)，可得到路网交通流分配时使用的路段行程车速的近似计算方法，计算公式如式(5-17)所示。

$$v_a = \begin{cases} \dfrac{l_a}{t_a(q_a)} = \dfrac{l_a}{t_a(0) \times \left[1 + \alpha \left(\dfrac{q_a}{C_a}\right)^{\beta}\right]} & \text{未饱和条件下} \\[2ex] \dfrac{l_a}{T(i,t)} & \text{饱和条件下} \end{cases} \tag{5-17}$$

式中，v_a为预测的路段 a 的行程车速；l_a为路段 a 的长度；$t_a(q_a)$为未饱和条件下路段行程时间，其中符号含义见式(5-19)的式中；$T(i,t)$为饱和条件下路段行程时间，其计算方法见式(5-19)。

行程时间，即路阻，不仅对行程车速计算有重要意义，同时也是分析应急事件对路网交通流影响的重要指标之一。行程时间变长或者路阻增大,对公路用户的路径选择行为有重大影响,进而影响路网的交通流分布和路网拥堵状态的演化发展。因此,下面以未饱和及饱和两种条件分别提出路段行程时间的计算或预测方法。

(1)未饱和条件下路段行程时间计算

对于沿路布设有检测器的高速公路,路段的行程时间可通过如下方式计算得到:先采用式(5-14)计算得到路段的行程车速,进而按式(5-18)算得到当时的路段行程时间。

$$\tilde{t}_a = \frac{l_a}{v_a} \tag{5-18}$$

式中,$\tilde{t}_a$表示路段 a 的行程时间;l_a表示路段 a 的长度;v_a表示路段 a 的行程车速。

然而,对于后面的路网运行态势预测,特别是在限速对策实施前对限速对策实施后的路网运行态势进行预测,利用实时的检测数据来推算未来的路段行程时间肯定是不合理的。出于运行态势预测需要,此处采用美国联邦公路局(Bureau of Public Road,BPR)提出的行程时间函数(或称路阻函数)进行近似计算,其计算方法如式(5-19)所示。

$$t_a(q_a) = t_a(0) \times \left[1 + \alpha \left(\frac{q_a}{C_a}\right)^{\beta}\right] \tag{5-19}$$

式中,$t_a(q_a)$为流量q_a条件下路段 a 的行程时间;q_a表示路段 a 的流量,可采用5.4节提出的基于用户均衡的交通分配模型P^{μ}预测得到;$t_a(0)$原表示自由流条件下路段 a 的行程时间,此处表示预测的在采取限速对策(限速标准为v_r)后非拥挤条件下路段 a 的计算行程时间,按$t_a(0) = l_a/v_r$计算;C_a原表示路段 a 的理论通行能力,此处表示限速条件下路段 a 的理论通行能力;α、β 为参数,可采用经验法,通过实测进行统计回归后获得,当无实测数据时,可取 $\alpha = 2.62$、$\beta = 5$ 进行近似计算。

(2)饱和条件下路段行程时间的计算

当应急事件造成路段流量饱和,甚至堵塞时,路段的行程时间一般难以准确计算。下面采用交通流理论进行近似计算。

当路段上发生应急事件形成瓶颈时,该处通行能力下降,当交通需求超过下降后的通行能力时,形成排队现象。假设在某管理单元 i 发生交通事件,此时事发单元的行程时间主要由两部分构成:第一部分是车辆在排队长度上游的行驶及等待时间t_{i1},t_{i1}又包括在上游路段行驶时间$t_{i1,1}$和拥堵排队时间$t_{i1,2}$;第二部分是在瓶颈段下游的行驶时间t_{i2},如图5-3所示。

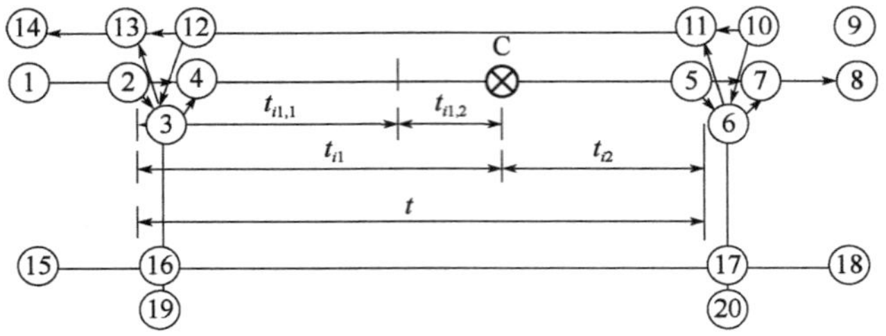

图 5-3 事件发生时的行驶时间示意图

(3)波动理论在事发单元行程时间确定中的应用

交通流理论中将相邻两种状态的交通流之间的界面称为“交通波”。关于交通波及特征曲线的性质见图 5-4。当事件发生后,事发点的通行能力降低,如果上游的交通需求超过瓶颈点的通行能力,行车排队 $y(t)$,并出现一向后的“返回波”,如图 5-4a)所示,当事件排除后,将出现“启动波”,同时尾部又有后续车辆到达,即还有返回波,二者同时存在,且都在向后运动。t_{i1}是车辆从上游结点至 $y(t)$ 队尾的行程时间,t_{i2}是在 $y(t)$ 中拥堵排队时间。

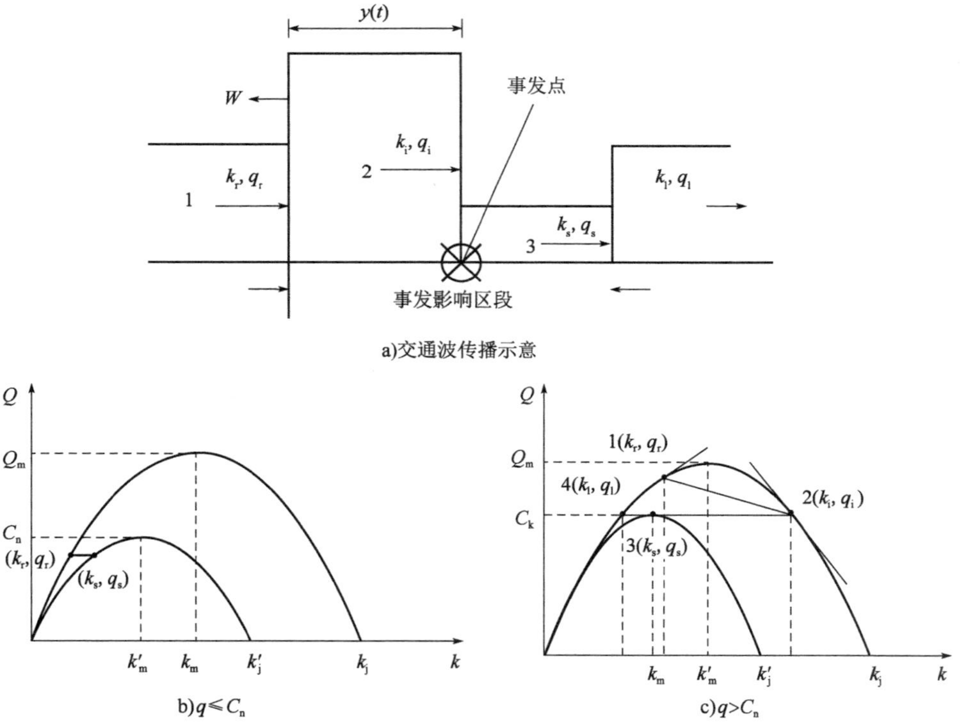

图 5-4 交通事件发生点交通波传播及流量-密度示意图

假设当事件发生后,本车道上游的需求流量为q_r,对应的密度记为k_r,在发生事件等级属性 LD11(t) = n 的情形下,瓶颈点的通行能力下降为C_n。车流密度相应地上升为k_2,事件持续时间为t_a。一般交通事件持续时间的定义是指从事件产生到交通流状态恢复正常所需的时间。它由四个阶段构成:第一阶段是交通事件产生到自动事件检测(AID)系统检测并确认事件;第二阶段是响应阶段,即从确认事件到救援车辆到达事发现场;第三阶段是清除时间,即从救援车辆到达到离开现场;第四阶段是交通流恢复阶段,即从事件清除到排队完全消散,交通流恢复正常。记检测到事件清除时间为t_e,是指前三个阶段的总时间,上述提到的排队长度上游的行驶及等待时间t_{i1},与t_e密切相关。交通事件发生后其排队一消散过程可用交通波理论进行研究。

(4)交通事件消散的交通波动过程

在时间t_e内,当$q_r \leqslant C_n$时,$k_1 = k_2 = k_4$,如图5-4b)所示,交通事件不会引起拥堵。当$q_r > C_n$时,由于通行能力不足而将引起拥挤可用波动理论分析该过程。

图5-5是车流阻塞-消散过程的波形时距图,图中y、t分别代表距离和时间,记事发时刻为t_0,指定原点O为事发点和事发时刻即$t_0 = 0$,y轴指向事发点的上游,曲线$OBCD$为对应时刻的排队长度。沿y轴,O点对应事发点,$t = 0$对应事发时刻,$t = t_e$为事件清除完毕时间,FA段内交通流达到拥堵密度k_i,流率为q_i;A的上游车辆以平均流率q_r到达,密度保持k;事发路段以q_s、k_s通行,并认为在事发点车流释放达到该点的最大通行能力流量$q_s = C_n$,当事发路段彻底堵死时,$q_s = 0$,$k_s = k_j$。从$y = 0$,$t = 0$开始所画出的斜线即特性曲线,例如,在OAF内特性曲线都是负的,与流量-密度曲线在点2(k_i,q_i)的切线一致,图5-4中点3所在曲线为事件路段的流量-密度曲线。$t = t_e$时,F点的密度由k_i很快变为k_m(最大通行能力对应的密度),这样特性曲线在B点呈扇形展开[即斜率从$(d_q/d_k)k_2$到0的所有可能值],斜率为0时的最佳状态,按照这一方式,可以画出如图5-5所示剩下的特性曲线。

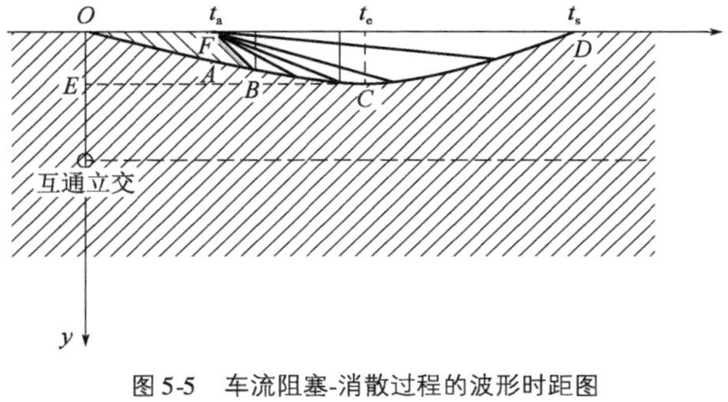

图5-5 车流阻塞-消散过程的波形时距图

如图5-5所示,从边界发出的特性曲线把整个时空区域划分成三个流量-密度状况截然不同的区域。特性曲线相交线即为交通波曲线($OABCD$),因此,也是拥堵车队队尾的轨迹,并且它到t轴的垂直距离代表车队长度,由$y(t)$表示。通过交通流波动理论的这一特征曲线,可以考察车队队尾的轨迹。首先,可以看到OF段产生的线形交通波相对事发点向后传播,该波在B点结束,B点代表最后一条由事发点发出密度为k的特性曲线。在 B 点之后，由于区域 FBD 内呈扇形放射的特性曲线具有不同的密度，波向下游传播的密度是变化的，而从立交向事发点传播的密度恒为 k_r，这就是 BCD 呈非线性的原因。事实上，正如曲线 BCD 所示，它以变化的速度传播。

了解了车流阻塞-消散过程的波形时距图，可分析高速公路上车辆在排队长度上游的行驶及等待时间 t 在图中对应的点。如图 5-5 所示，当车辆进入上游互通立交行驶到事发点附近，若拥堵尚未结束，那么其离开事发点的时间为 $t=t_e$；若拥堵已经结束，那么其不受拥堵干扰，行程时间为上游流量的函数。

(5)事件消散时刻的解析法

曲线 $OABCD$ 的每一段以及点 B、C、D 的坐标都能用解析法得到，为获得解析结果，必须有流量-密度关系模型，此处假定为 GREENSHIELD 流量-密度模型，如图 5-2 所示。OB 为事件发生后返回波的轨迹，波速为：

$$w_{OB}=\frac{q_i-q_r}{k_i-k_r}=v_f\left(1-\frac{k_r+k_i}{k_j}\right) \tag{5-20}$$

通过解三角关系可得t_B，令 $h(k)=\frac{dq}{dk}$，则

$$\frac{y_B}{t_B}=-w_{OB},\quad \frac{y_B}{t_B-t_e}=-h(k_i) \tag{5-21}$$

由以上两式可得：

$$t_B=\frac{h(k_i)t_e}{h(k_i)-w_{OB}} \tag{5-22}$$

又

$$h(k_i)=\frac{dq}{dk}\bigg|_{k=k_i}=v_f\left(1-\frac{k_{r+k_i}}{k_j}\right) \tag{5-23}$$

因此

$$t_B=\frac{(k_j-2k_i)t_e}{k_r-k_i} \tag{5-24}$$

设k_R表示曲线段 BCD 上任意一点的交通流密度，则该点的波速为：

$$\frac{dy}{dt}=\frac{q_R-q_r}{k_R-k_r}=\frac{v_f}{k_j}(k_j-k_r-k_R) \tag{5-25}$$

又$y_r=-h(k_R)^3(t-t_e)=-v_f\left(1-\frac{2\,k_R}{k_j}\right)^3(t-t_e)$，则

$$\frac{dy}{dt}=-\frac{v_f}{2}+\frac{y}{2(t-t_e)}+\frac{v_f k_r}{k_j} \tag{5-26}$$

求解微分方程,得

$$y_{BCD}(t)=[-h(k_{\mathrm{i}})+h(k_{\mathrm{r}})][(t-t_{\mathrm{e}})(t_B-t_{\mathrm{e}})]^{\frac{1}{2}}-h(k_{\mathrm{r}})(t-t_{\mathrm{e}}) \tag{5-27}$$

令$y_{BCD}(t)=0$,交通事件消散时刻为:

$$t_{\mathrm{s}}=\left[1-\frac{h(k_{\mathrm{i}})}{h(k_{\mathrm{r}})}\right]^2(t_B-t_{\mathrm{e}})+t_{\mathrm{e}}=\frac{(k_{\mathrm{r}}-k_{\mathrm{i}})(k_{\mathrm{j}}-k_{\mathrm{r}}-k_{\mathrm{i}})}{(k_{\mathrm{j}}-2k_{\mathrm{r}})^2}t_{\mathrm{e}}+t_{\mathrm{e}} \tag{5-28}$$

式中,k_{i}为紧挨事发点上游的车流密度,可通过检测器检测得到,$q_{\mathrm{r}}>C_{\mathrm{n}}$时,也可由下式计算:

$$k_{\mathrm{i}}=\frac{1}{2}k_{\mathrm{j}}\left(1+\sqrt{1-\frac{C_{\mathrm{n}}}{C}}\right) \tag{5-29}$$

事件持续时间为:

$$t_{\mathrm{a}}=t_{\mathrm{s}}=t_{\mathrm{e}}\left[\frac{4(k_{\mathrm{r}}-k_{\mathrm{i}})(k_{\mathrm{j}}-k_{\mathrm{r}}-k_{\mathrm{i}})}{(k_{\mathrm{j}}-2\,k_{\mathrm{r}})^2}+1\right] \tag{5-30}$$

(6)事发管理单元行程时间确定

假设在$t=t_O$时刻,在距离管理单元i起点处发生交通事件,那么消散时刻为(t_O+t_{i1})随着交通事件的处理和消散,不同时刻进入管理单元的车辆在事发单元上所需花费的行程时间是不同的。t时刻进入管理单元i的车辆到达事发点附近的时候,可能事件已经消散完毕,交通恢复正常,车辆不受交通事件的影响;也可能事件没有完全消散,随车队需经历一定的消散时间。管理单元i的行程时间可取为:

$$T(i,t)=\max\left\{\frac{L_ik_{\mathrm{j}}}{v_{\mathrm{f}}(k_{\mathrm{j}}-k_i)},t_{\mathrm{e}}\left[\frac{4(k_{\mathrm{r}}-k_i)(k_{\mathrm{j}}-k_{\mathrm{r}}-k_i)}{(k_{\mathrm{j}}-2\,k_{\mathrm{r}})^2}+1\right]+\frac{L_ik_{\mathrm{j}}}{v_{\mathrm{f}}(k_{\mathrm{j}}-k_i)}-(t-t_O)\right\} \tag{5-31}$$

式中,L_i为管理单元i的长度,km;k_{j}为阻塞密度,pcu/km;v_{f}为自由流车速,km/h;k_i为管理单元i的车流密度,pcu/km;k_{r}为管理单元i上游车流密度,pcu/km;L_{i2}为事发点与管理单元i终点之间的距离,km;t_{e}为事件清除时间,min;t、t_O为车辆进入管理单元i的时间和事件发生时间,min。

式(5-31)采用管理单元属性编号表示时,k_{r}、k_i、k_1分别为上游管理单元、事发管理单元和下游管理单元实时检测到的交通流密度,那么当管理单元i中第n个车辆检测器检测到交通事件时,在事件状态下的行程时间可表示为:

$$T(i,t)=\max\left\{\left[\frac{4LD_1(i-1,t)-LD_1(i-1,t)[LS_{35}(i)-LD_1(i-1,t)-LD_1(i,t)]}{[LS_{35}(i)-2LD_1(i-1,t)]^2}+1\right]t_{\mathrm{e}}+\frac{L_{i2}S_{35}(i)}{LD_5(i,t)[LS_{35}(i)-LD_1(i+1,t)]}-(t-t_0),\frac{LS_{31}(i)\times LS_{35}(i)}{LD_5(i,t)[LS_{35}(i)-LD_1(i+1,t)]}\right\} \tag{5-32}$$

式中，t_e为事件检测到清除时间，包括事件检测、响应和清除时间，影响事件清除时间的因素很多，与事件严重程度、事件类型、各高速公路管理中心的联动管理水平等均有关系。目前，事件持续时间预测较多的采用统计分布方法，例如，Drakopulos 等在分析了美国密尔沃基 94 州际公路的 2819 次碰撞事件后，建立了高速公路事件清除时间列表：

执法单位 3.4min 后接到报警，第一响应机构接到通知后 6min 赶到现场，救护车调度员此后 5.1min 接到通知，第一辆救护车此后 7.5min 到达现场，现场处理 20.9min，10.9min 后到达医院。那么，94 州际公路的$t_e = 40$min。

事件清除时间的统计方法主要有方差分析法、非参数回归法、决策树法、危险持续时间法(hazard duration method)和模糊逻辑法等。

2)运营风险

运营风险水平是反映应急事件下路网运行态势的重要指标，可将应急事件下路网的安全水平划分为五个等级，即安全、较安全、一般、较危险和危险。对于这五个等级，通常认为：当路网中各路段的运营状态处于一般及以上安全等级时，路网属于正常运营状态，其中的一般安全等级属于可接受的风险水平状态；当路网中特定路段的运营状态处于较危险和危险等级时，应采取措施及时进行安全管理，以将该路段的安全等级提高至可接受的水平；当路网中特定路段的运营风险处于危险等级且采取措施也无法提高安全等级时，应关闭该路段；当路网某一截面的所有路段的运营风险都处于危险等级且采取措施也无法提高安全等级时，应关闭路网各入口。

(1)交通流动态风险饱和度模型

动态风险饱和度(Dynamic Risk Saturation，DRS)是基于公路与交通的动态时空特征，以交通流的运营安全为约束，对比实际的公路安全供给能力与实际的交通需求能力，从而构成运营风险饱和度，其计算模型为：

$$r^{s}_{e_k^{\pm}} = \frac{f^{\tau}_{e_k^{\pm}}}{C^{s}_{e_k^{\pm}}} \tag{5-33}$$

式中，$r^{s}_{e_k^{\pm}}$为路段$e_k^{\pm}$的运营风险饱和度；$f^{\tau}_{e_k^{\pm}}$为路段 $e_k^{\pm}$ 的实际交通量，veh/h；$e_k^{\pm}$ 的安全供给能力，veh/h；k 为路段。

(2)不同交通状态下运营风险饱和度

不同交通流饱和度状态下，交通流量和速度不同，交通流中车辆的基本行驶状态主要类型也不同。以实际流量与自由流时流量的比值关系为依据，建立交通流运营风险饱和度模型：

$$
r_{e_k^\pm}^{s}=\begin{cases}\dfrac{f_{e_k^\pm}^{\tau}}{C_{e_k^\pm}^{s\_ff}} & f_{e_k^\pm}^{\tau}\leqslant 0.4C_{e_k^\pm}^{s\_ff}\\[2ex]\dfrac{f_{e_k^\pm}^{\tau}}{C_{e_k^\pm}^{s\_lc}}=\dfrac{f_{e_k^\pm}^{\tau}\times \bar{h}_{e_k^\pm}^{s\_lc}}{3600} & 0.4C_{e_k^\pm}^{s\_ff}<f_{e_k^\pm}^{\tau}\leqslant 0.6C_{e_k^\pm}^{s\_ff}\\[2ex]\dfrac{f_{e_k^\pm}^{\tau}}{C_{e_k^\pm}^{s\_cf}}=\dfrac{f_{e_k^\pm}^{\tau}\times \bar{h}_{e_k^\pm}^{s\_cf}}{3600} & f_{e_k^\pm}^{\tau}>0.6C_{e_k^\pm}^{s\_ff}\end{cases}\tag{5-34}
$$

式中，$C_{e_k^\pm}^{s\_ff}$、$C_{e_k^\pm}^{s_lc}$和$C_{e_k^\pm}^{s_cf}$分别为自由行驶、变换车道行驶和跟车行驶的安全流率，veh/h。

(3)不同行驶状态的安全车头时距

车辆n与前车$n-1$的跟车行驶安全车头时距$\bar{h}_{n-n-1}^{s_cf}$为：

$$
\bar{h}_{n-n-1}^{s\_cf}=\frac{\dfrac{v_n^2}{v_{n-1}}-v_{n-1}}{70.56(\mu_1\pm i)}+\frac{v_n(\tau_s+\tau_w)}{v_{n-1}}+\frac{3.6L}{v_{n-1}}\tag{5-35}
$$

式中，$\bar{h}_{n-n-1}^{s_cf}$为车辆n与前车$n-1$的安全车头时距，s；v_n和v_{n-1}分别为前车$n-1$（取$v_{15\%}$车速）和后车n（取$v_{85\%}$车速），km/h；τ_s为正常驾驶反应时间，s；τ_w为雾天延迟反应时间，s；L为安全停车距离，取值为11m；μ_1为路面纵向附着系数；i为公路的纵坡。

则以跟车行驶为主要营运状态的公路安全流量$C_{e_k^\pm}^{s_cf}$为：

$$
C_{e_k^\pm}^{s\_cf}=\frac{3600}{\bar{h}_{e_k^\pm}^{s\_cf}}\tag{5-36}
$$

式中，$\bar{h}_{e_k^\pm}^{s_cf}$为路段$e_k^\pm$的平均跟车安全车头时距，s。

其中，将$v_{85\%}$车速（后车n）和$v_{15\%}$车速（前车$n-1$）代入式(5-37)，求解获得$\bar{h}_{e_k^\pm}^{s_cf}$。

变换车道行驶的安全车头时距$\bar{h}_{e_k^\pm}^{s_lc}$为：

$$
\bar{h}_{n-n-1}^{s\_lc}=\frac{\dfrac{v_n^2}{v_{n-1}}-v_{n-1}}{70.56(\mu_1\pm i)}+\frac{v_n(\tau_s+\tau_w)}{v_{n-1}}+\frac{3.6L}{v_{n-1}}+\frac{7.2R_1}{v_n}\left(\frac{R_1-0.75\lambda W_t}{R_1}\right)\tag{5-37}
$$

式中，$\bar{h}_{n-n-1}^{s_lc}$为车辆n变换车道时所需的安全车头时距，s；R_1为变换车道第一个圆曲线的半径。

$$
R_1=v_n^2/127(\mu_s+e)\tag{5-38}
$$

其中，μ_s为路面的横向附着系数；e为路面超高；λ为变换车道次数；W_t为车道宽度；

其他符号意义同前。

同理,以变换车道行驶为主要运营状态的公路安全流量 $C_{e_k^{\pm}}^{s\_lc}$ 为:

$$C_{e_k^{\pm}}^{s\_lc}=\frac{3600}{\bar{h}_{e_k^{\pm}}^{s\_lc}} \tag{5-39}$$

式中,$\bar{h}_{e_k^{\pm}}^{s\_lc}$ 为路段 $e_k^{\pm}$ 的平均变换车道安全车头时距,s。

其中,将 $v_{85\%}$ 车速(后车 n)和 $v_{15\%}$ 车速(前车 $n-1$)代入式(5-39),求解获得 $\bar{h}_{e_k^{\pm}}^{s\_lc}$。

3)饱和度

根据交通工程学,饱和度是指实时的公路断面交通流量与该断面的理论通行能力之比,可用下式表示:

$$S=\frac{Q}{C} \tag{5-40}$$

式中,S 为饱和度;Q 为交通流量,对于路网,为实时路网瓶颈(路网最小截集)的所有路段交通流量的总和,对于路段,则为公路断面的交通流量;C 为通行能力,对于路网,为实时路网瓶颈(路网最小截集)的通行能力(或容量)总和,对于路段,则为断面通行能力(或容量)。

(1)路段通行能力的计算方法

由于一般意义的通行能力均指在天气良好条件下公路上某一路段单位时间内通过某一断面的最大车辆数,而恶劣气象条件下通常都需要实施车辆行驶控制,即实行限速和限距对策,这样,公路的通行能力必然与理想条件下的通行能力不同,必须按实际的车辆行驶控制条件进行计算。根据《公路工程技术标准》(JTG B01—2014),结合恶劣气象条件下路网安全管理实际,提出以下通行能力计算方法:

$$C_n=a_c C_1 \delta \sum K_n \tag{5-41}$$

$$C_1=\frac{1000v_s}{L_s} \tag{5-42}$$

式中,C_n 为具体车辆行驶控制条件下公路断面的理论通行能力;C_1 为具体车辆行驶控制条件下一条车道的理论通行能力;v_s、L_s 为具体灾变事件下的安全车速控制值和安全车距控制值,单位分别为 km/h、m,v_s 取值具体见表 5-2 和表 5-3;K_n 为相应的各车道的折减系数,以靠近路中线或中央分隔带的车行道为第一车道,其通行能力为 1,第二车道通行能力为第一车道的 0.9,第三车道为第一车道的 0.75,第四条车道则为第一车道的 0.6,具体可根据公路的实际车道数取值;a_c 为 0.8;δ 为交叉口影响系数,可取值为 1.0。

雾天气下车速控制标准　　表 5-2

事件等级	可视距离(m)	车速限制	安全行车间距(m)
四级事件	>500	—	—
三级事件	200～500	限速 90km/h	>150
二级事件	150～200	限速 75km/h	>100
	100～150	限速 55km/h	>75
	75～100	限速 40km/h	>50
	50～75	限速 20km/h	>30
一级事件	20～50	建议有组织编队行驶	—
	<20	建议关闭	—

大雨和暴雨天气安全运行车速推荐值(单位:km/h)　　表 5-3

事件等级	水膜厚度(mm)	可视距离(m)					
		<50	50～75	75～100	100～150	150～200	≥200
五级事件	<2.5	控制通行建议关闭	20	40	70	80	85
四级事件	2.5～5.0		15	40	70	80	85
三级事件	5.0～7.5		15	40	70	75	80
二级事件	7.5～10.0		15	35	60	65	65
一级事件	≥10.0		建议有组织编队行驶	35	60	60	65

(2)路网通行能力的计算方法

由于路网通行能力取决于路网瓶颈的通行能力,因此,只要能找出路网瓶颈,并计算出路网瓶颈的通行能力,即可得到管理路网的通行能力。

4)路网交通效率

路网容量和服务水平是传统的路网评价指标。路网容量定义为路网的最大通过能力,即路网的某几个关键断面在1h内能通过的最大交通个体数量。服务水平定义为公路使用者从路网的公路、交通和环境等方面可能得到的服务程度或服务质量,通常根据行程车速确定(城市干道),当行程车速随流量变化不明显时改用密度指标(高速公路)。此处定义公路断面的交通需求 q 为时间内通过的车辆数,通行能力 C 为单位时间内可能通过的最大车辆数;断面服务水平通常为断面所在路的平均行程车速 v_a 或平均车辆密度 K_a。路段的交通需求 $D_a = ql_a$,为路段上的车辆在单位时间内完成的车公里数,l_a 为路段 a 的长度(假设路段各断面流量相等,下同),路段容量 $S_a = Cl_a$,为路段在单位时间能够提供的最大车公里数;服务水平通常用路段平均行程车速 v_a 或平均车辆密度 K_a 表示。整个路网的交通需求 $D_N = \sum_{i=1}^{n} D_{ai}$,$n$ 为路网中的路段数,路网容量 $S_N = \sum_{i=1}^{n} S_{ai}$;路网服务水平 F_N 定义为单位时间内路网中车辆的总行驶距离除以及总行程时间。显然,路网容量及服务水平两个传统评价指标是相互割裂的,各自从不同的角度评价路网效率。

由于不同类型的设施在相同服务水平下可能具有完全不同的交通量,而且,不同类型的设施在相同交通量下可能具有完全不同的服务水平,因此,这种二元评价指标体系不方便对路网进行综合性评价。为了全面考虑不同层面的公路设施在服务水平和利用公路容量两个方面的综合性能,此处采用有关文献提出的路网交通效率指标作为路网运营状态的评价指标。路网通行效率评价指标包括断面通行效率 E_{S}、路段输送效率 E_{L} 和路网运行效率 E_{N} 三个路网性能评价指标,三者统称为路网的交通效率。

(1)断面通行效率

断面通行效率是指单位时间内通过断面的车辆在该时间段内完成的车公里数。该指标综合考虑了断面的服务水平和服务交通量,其定义式为:

$$E_{\mathrm{S}} = qvT \tag{5-43}$$

式中,单位时间通常取1h,定义为 T 断面 m 通过的车辆数,有 $m = qT$,则 $E_{\mathrm{S}} = qvT$ 可改写为:

$$E_{\mathrm{S}} = mv \tag{5-44}$$

(2)路段输送效率

路段输送效率是指断面通行效率在路段上的累积。该指标综合考虑了路段的服务水平和服务的交通需求,其定义式为:

$$E_{\mathrm{L}} = qLv \tag{5-45}$$

定义 n 为路段在时刻 t 的车辆数,根据 $q = Kv$,$n = kL$,则有:

$$E_{\mathrm{L}} = nv^2 \tag{5-46}$$

如果用物理学的概念相类比,则这个指标相当于动能,所以 $E_{\mathrm{L}} = qLv$ 也称为"动能"性能指标,其值实际上就是路段上的车辆数与平均行程车速平方的乘积。

根据 $E_{\mathrm{L}} = qLv$、$E_{\mathrm{L}} = nv^2$,可推导出:

$$E_{\mathrm{L}} = \frac{E_{\mathrm{S}}L}{T} \tag{5-47}$$

由以上公式可知,E_{L} 与 E_{S} 具有线性关系,因此,二者达到最大值的条件相同。达到最大值时，路段在服务水平和利用公路容量两个方面综合性能达到最佳。

（3）路网运行效率

路网运行效率是指组成路网的各条路段的输送效率之和。该指标综合考虑了路网的服务水平和服务的交通需求，其定义式为：

$$E_{\mathrm{N}} = \sum_{i=1}^{n} E_{\mathrm{L}i} \tag{5-48}$$

式（5-48）为式（5-47）的累加，因此式（5-47）的条件也是式（5-48）的条件。该性能指标最大的情况下，路网在路网服务水平和利用网容量两个方面的综合性能达到最佳。

5）拥堵范围

拥堵范围是指由于恶劣气象等应急事件导致路段或路网局部通行能力严重下降而引发的交通拥挤波所波及的空间范围，以及交通拥堵波的相应的时间进程。以拥堵范围作为评价指标，可以从宏观的角度评价应急事件对路网运营态势的影响程度，为路网分流诱导决策提供科学的依据。

5.3　恶劣气象条件下发展态势快速评估

5.3.1　恶劣气象条件下灾害事件的发展演化态势预测

大范围的严重恶劣气象条件事件应由国家气象部门来预测，此处介绍的应急事件发展演化态势预测，仅适用于公路沿线布设的小范围或者局部气象条件的短期（30min 以内）预测。

1）雨、雾、雪等气象要素的预报：短时线性趋势外推预报方法

趋势外推法的原理是根据时间序列的长期趋势，以时间为自变量，序列指标为因变量，拟合函数方程 $y = f(t)$，据以进行外推预测。当然，进行外推，需要满足一定的条件，即需要外推的事物的发展过程没有跳跃式变化，一般属于渐进变化。由于此处主要针对气象要素的短时发展情况（5min、10min、15min、30min）进行趋势外推，在 30min 内大部分气象要素的发展可以认为是连续的渐进变化。

时间序列的趋势外推有很多种模型，这里采用线性模型进行短时的趋势外推：

$$\hat{Y} = \hat{a} + \hat{b}t \tag{5-49}$$

$$\hat{a} = \frac{\sum Y - b\sum t}{n} \tag{5-50}$$

$$\hat{b} = \frac{n\sum Yt - \sum Y \sum t}{n\sum t^2 - (\sum t)^2} \tag{5-51}$$

上述各式中，t 为时间变量；a 为截距；b 为斜率。

实际应用中，选取气象要素最后 5 个时间点的实况资料，对曲线进行了 5 个步长的线性拟合外推。

2）路面极端温度预报

由于路面极端高温、低温给高速公路运输带来了极大的威胁，从高速公路运营安全出发，对路面极端温度进行预测预报是有重要意义的。此处利用上海气象中心提出的上海市路面极端温度的预报模型进行路面极端温度预报。

首先，运用 2007 年 6 月 12 日—2008 年 6 月 11 日徐家汇水泥近地面日最高、最低温度观测资料与相对应的徐家汇观测站日最高、最低气温数据进行回归分析。由于路面温度相对于气温的变化在不同季节、不同时段是不一样的，因此这里分春、夏、秋、冬四个季节对其进行拟合，得出以下回归方程。

（1）春季拟合方程：

$$T_{smin} = 1.70562 + 0.92402T_{min}, \quad R = 0.9782 \tag{5-52}$$

$$T_{smax} = 6.49532 + 0.82014T_{max}, \quad R = 0.7667 \tag{5-53}$$

式中，T_{smin}、T_{smax} 分别为近地面最低、最高温度；T_{min}、T_{max} 分别为实测最低、最高气温；R 为模拟值与实测值的相关系数。

（2）夏季拟合方程：

$$T_{smin} = 1.00492T_{min}, \quad R = 0.9994 \tag{5-54}$$

$$T_{smax} = -9.45937 + 1.41869T_{max}, \quad R = 0.9021 \tag{5-55}$$

（3）秋季拟合方程：

$$T_{smin} = 1.00289T_{min}, \quad R = 0.9802 \tag{5-56}$$

$$T_{smax} = 6.50869 + 0.91729T_{max}, \quad R = 0.7714 \tag{5-57}$$

（4）冬季拟合方程：

$$T_{smin} = 1.16954 + 0.92905T_{min}, \quad R = 0.9758 \tag{5-58}$$

$$T_{smax} = 4.48945 + 0.97849T_{max}, \quad R = 0.6206 \tag{5-59}$$

以上 8 个拟合方程均通过 $a = 0.05$ 的显著性检验。

然后利用当地气象台发布的今明日最高、最低气温的预报值（5:00、17:00），代入回归方程中的最高、最低气温实测值 T_{max}、T_{min}，即可得出当地路面极端温度预报。其中上午预报的为当日路面最高温度、第二天路面最低温度；晚上预报的为第二日路面最高温度、最低温度。

3）路面水膜厚度预估

降落在公路表面的雨水，在重力作用下，沿着最大坡度方向运动，在公路表面形成坡面水流。公路表面的水膜严重影响行车安全：汽车行驶时，由于轮胎作用，路表的水膜会溅起形成水雾，影响后续车辆的能见度；由于水膜的润滑作用，轮胎与路面的附着系数显著降低，会引起制动失控，转向不灵。

研究表明，公路表面的水膜厚度主要与降水强度，坡面的构造深度、长度以及坡度这四个因素有关。本书采用东南大学交通学院和交通运输部公路科学研究所共同研究的水膜厚度经验公式（5-60），结合当地公路特征，利用实时气象要素（1h 雨量），对当地公路进行水膜厚度预估。

$$H = 0.1258 l^{0.6715} 3 i^{-0.3147} 3 r^{0.7786} 3 \mathrm{TD}^{0.7261} \tag{5-60}$$

式中，H 为水膜厚度；l 为坡面长度；i 为坡面坡度；r 为降水强度；TD 为构造深度。

5.3.2 公路交通事件的发展演化态势预测

公路交通事件是指任何偶然发生的、影响交通流正常运行的、与车辆有关的事件，如车辆碰撞、剐擦、抛锚、炸胎、着火、散落物。显然，公路交通事件的发展演化态势不同于灾害性天气等灾变事件，灾害性天气事件的发展演化态势涉及时空范围的变化发展，而公路交通事件发生后一般在空间上不会再发生明显的变化，变化的只有整个事件的持续时间，或者说剩余的持续时间。因此，公路交通事件的发展演化态势预测是指事件持续时间的预测。公路交通事件持续时间包括 4 个部分：事件发现时间、事件响应时间、事件清除时间和交通恢复时间。

1）事件信息数字化预处理

多元回归模型要求交通运输管理部门积累足够的数据，这样回归结果才有实际意义。首先，对管理部门的文字记录信息进行数字化处理，除事件持续时间为连续性数据外，将各类交通事件条目，如周天、天气、报警时间、报警类型、到达现场时间、事件类型、占用车道数、涉及车辆数、受伤人数、死亡人数、最先到达现场的车辆、救援车辆数等全部数字化为因子变量。经数字化后的交通事件数据表格字段及因子水平说明见表 5-4。然后，从数字化后的事件信息组成的总体样本中随机抽取一定量的事件信息组成回归建模样本组，总体样本中剩余的事件信息组成模型检验样本组。

交通事件数据表格字段及因子水平说明　　表5-4

字段名	水平	因子水平说明
周天	7	周一至周日
天气	6	1-晴天;2-阴天;3-雨天;4-雪天;5-雾天;6-低温结冰
报警时间	24	0~23,即24h时段
报警类型	4	1-驾乘人员;2-交警部门;3-高速公路公司;4-交通运输管理部门
到达现场时间	3	1-0~15min;2-16~30min;3-31~60min
事件类型	10	1-追尾;2-翻车;3-撞中间护栏;4-抛锚;5-剐擦;6-炸胎;7-撞边护栏;8-散落物;9-着火;10-其他
占用车道数	5	1~4分别表示占用1~4条车道;5表示单向半幅路封闭。注:硬路肩视为一条车道
涉及车辆数	10	0~9分别表示0~9辆车
受伤人数	10	0~8分别表示受伤0~8人;9表示受伤9人及以上
死亡人数	3	0~2分别代表死亡0~2人
最先到达现场的车辆	7	1-警车;2-拖车;3-修胎车;4-医疗车;5-路政车;6-管理处车;7-巡警车
救援车辆数	8	0~6分别代表0~6辆车;7代表7辆车及以上

2)事件数据总体描述

相对于离散型的解释性变量而言,简单地使用回归模型来刻画它们同因变量之间的“线性关系”是不恰当的。方差分析是常用的一种显著性分析方法,可分为单因素、双因素和多因素方差分析。由于公路交通事件持续时间数据一般不服从正态分布,因此,可以采用处理非正态分布样本数据的非参数单因素方差分析方法。

(1)事件持续时间影响因素分析

事件持续时间影响因素分析的目的是找出对事件持续时间有显著影响的因素,剔除对事件持续时间影响很小或无影响的因素。可以采取盒状图来表示因变量和自变量之间的关系,从而找出对所在高速公路事件持续时间影响显著的因子。为了满足线性模型的同方差假设,需要对因变量(公路交通事件持续时间)实施对数变换。

(2)多元回归建模

设变量 Y 与变量 $X_1,X_2,\cdots,X_p$ 间有如下线性关系:

$$Y=\beta_0+\beta_1X_1+\beta_2X_2+\cdots+\beta_pX_p+\varepsilon \tag{5-61}$$

式中,$\beta_0,\beta_1,\cdots,\beta_p$ 和 σ^2 是未知参数,其中 $\varepsilon\sim N(0,\sigma^2)$,$p\geqslant2$,则称式(5-61)为多元线性回归模型。

本书要建立因变量为连续型数据的交通事件持续时间与自变量为离散因子型的各影响因素之间的线性回归模型。公路交通事件影响因素很多,如果在回归方程中忽略了对因变量显著影响的自变量,所建立的预测方程与实际就会有很大偏离;而变量选择过多,使用就不方便,特别是当回归方程中含有对因变量影响不大的变量时,可能因为残差平方和的自由度减小而使 σ^2 的估计值增大,从而影响预测精度。因此,适当的选择变量来建立一个最优的回归方程十分重要,常用的方法有一切子集回归法、前进法、后退法、逐步回归法等。

可采用 SPSS 统计分析软件或 R 软件的逐步回归函数 step 对建模样本组数据进行多元回归和变量选择,并使得 AIC 值最小时的变量组合为最佳。一般得到的最优选择变量为报警时间、到达现场时间、事件类型、占用车道数、涉及车辆数、死亡人数、最先到达现场的车辆以及救援车辆数等 8 个变量。当然,不同的管理单位得到的结果可能并不一样。

(3)多元回归模型效果检验

为了检验回归模型的有效性,可利用检验样本组对回归方程的预测效果进行检验。应重点对不同类型事件的持续时间的预测效果进行检验,从而知道哪些类型事件的预测精度较高,哪些类型事件的预测精度较差。对于预测精度较高的事件,可在实际中直接应用,而预测精度不高的事件,应结合管理人员的经验直觉来预测事件的持续时间。由于影响事件持续时间的因素繁多复杂、随机性强,需要对记录历史事件所包含的信息不断地补充完善,考虑更多的影响因素,如路产损坏、公路交通堵塞程度、公路交通管制措施等,同时尝试分析可能存在因素间的交互作用。除了更加深入细致地分析影响因素外,也应尝试采用其他模型或算法,以提高公路交通事件持续时间的预测精度。

5.3.3　其他事件的发展演化态势预测

除了考虑恶劣气象条件事件和公路交通事故等外,还应考虑地质灾害事件和施工维修类计划事件。

对于地质灾害事件,由于往往是突发性的,且规律性不明显,因此,其时空发展演化态势很难预测。此外,此类事件往往有重大的社会影响,一般有当地军政部门介入,因此,其时空发展演化态势可由突发公共事件管理部门来预测提供,此处不再进行探讨。

对于公路养护或施工维修等计划性事件,在开工前都有明确的作业计划和进度安排,公路交通运输管理部门可根据其上报的作业计划推算具体的时空范围,从而作出适当的管理安排。因此,其发展演化态势可按计划安排推算。

5.4 恶劣气象条件下路网运营态势预测模型

5.4.1 应急事件下路网用户的路径选择行为分析

恶劣气象应急事件的发生将造成路网局部公路通行能力下降，甚至完全中断、丧失通行能力；而此时，由于路网管理者和路网用户之间的信息不对称，以及信息发布的滞后性，路网用户在事件刚发生后的一段时间内对此并不知情，将仍然按以往经验选择最优路径行驶，进而在交通需求大于通行能力的局部路段形成拥挤或堵塞，若没有及时的信息发布及诱导分流，交通流将源源不断流向拥堵路段，造成拥堵状态越来越严重。这就是应急事件下路网运行态势发展演化的常见模式。

一般而言，在没有获得事件及其影响后果信息的情况下，路网用户将结合以往经验，按自己对路网的熟悉度选择最优路径进行行驶。这种路径选择的结果，即路网交通流的分布形态，实质是基于用户最优的博弈平衡，可用 Wardrop 第一原理来描述，即：当路网用户都以最短路径进行路径选择决策时，网络会达到平衡状态。在平衡状态下，任何用户无法通过改变路径缩短行程时间。在考虑拥挤对行程时间影响的网络中，当网络达到平衡状态时，每组 OD 的各条被利用的路径具有相等且最小的行程时间；没被利用的路径的行程时间大于或等于最小行程时间。因此，在事件发生初期，可采用基于 Wardrop 第一原理的数学规划模型求解路网的交通流分布，再根据事件对路网各路段通行能力的影响，实时更新路段通行能力，由此推算信息发布前路段的拥堵状况，进而推算路网拥堵范围的发展演化态势。根据路径选择模型是确定性还是随机性的不同，基于用户最优博弈均衡的路网交通分配模型可以分为确定型用户均衡路网交通分配模型 $P_{\mathrm{d}}^{\mathrm{u}}$ 及随机型博弈均衡路网交通分配模型 $P_{\mathrm{s}}^{\mathrm{u}}$，下面分别构建这两种路网交通分配模型，并提出其求解方法，为应急事件下路网运行态势预测服务。

5.4.2 基于用户最优的路网交通流分配模型

1) 确定型用户均衡路网交通流分配模型 $P_{\mathrm{d}}^{\mathrm{u}}$ 及其解法

(1) 确定型用户均衡路网交通流分配的数学模型 $P_{\mathrm{d}}^{\mathrm{u}}$

基于用户最优的博弈均衡路网交通流分配模型 $P_{\mathrm{d}}^{\mathrm{u}}$ 可用以下数学规划模型表示：

$$\min Z(x)=\sum_a\int_0^{x_a}t_a(\omega)\mathrm{d}\omega \tag{5-62}$$

$$\text{s. t. }\sum_k f_k^{rs}=q_{rs},\ \forall r,s \tag{5-63}$$

$$f_k^{rs}\geqslant 0,\ \forall r,s \tag{5-64}$$

$$x_a=\sum_r\sum_s\sum_k f_k^{rs}\delta_{a,k}^{rs},\ \forall a \tag{5-65}$$

数学规划模型 $P_{\mathrm{d}}^{\mathrm{u}}$ 中,式(5-62)是目标函数,其含义是所有路段的路阻总和最小,符合 Wardrop 第一原理的要求;式(5-63)是流量守恒约束,即分配到 OD 点对(r,s)间各路径的流量总和等于(r,s)间的交通需求;式(5-64)是流量非负约束,即分配到 OD 点对(r,s)间各路径的流量大于或等于 0;式(5-65)为路段流量约束,即路段流量为通过该路段所有路径的流量总和。

(2)确定型用户均衡路网交通流分配模型 $P_{\mathrm{d}}^{\mathrm{u}}$ 的解法

路网交通流分配模型 P 是一个特殊非线性规划模型,一般没有通用的求解方法,一般采用 Frank-Wolfe 算法(简称 F-W 法)。F-W 法是通过采用线性规划逐步逼近非线性规划的方法来求解的,因此,是一种迭代算法,其算法步骤可归纳如下:

步骤 0:路网初始化。按照 $t_a=t_a(0)$,$\forall a$,实行一次 0-1 分配。得到各路段的交通流量 $\{X_a^1\}$,令 $n=1$。

步骤 1:更新路段的额行程时间。令 $t_a^n=t_a(X_a^n)$,$\forall a$,计算 OD 间的最短路。

步骤 2:寻找下一步迭代方向。按照 $\{t_a^n\}$ 实行 0-1 分配,并得到一组附加交通量 $\{Y_a^n\}$。

步骤 3:确定迭代步长。求满足式(5-66)的 a_n:

$$\sum_a(Y_a^n-X_a^n)t_a[X_a^n+a_n(Y_a^n-X_a^n)],\ 0\leqslant a_n\leqslant 1 \tag{5-66}$$

步骤 4:确定新迭代点。令 $X_a^{n+1}=X_a^n+a_n(Y_a^n-X_a^n)$,$\forall a$。

步骤 5:收敛性检验。如果 $\{X_a^{n+1}\}$ 已满足规定的收敛性准则,则停止计算,$\{X_a^{n+1}\}$ 即是满足要求的平衡解;否则,令 $n=n+1$,返回步骤 1。

上述计算步骤可以用图 5-6 来表示。

上述算法为路网博弈平衡模型的确定型解法,确定型解法有两个基本假定:第一个假定,所有路网用户都拥有整个路网任何地点的全部交通状况信息,同时能准确预测下一时刻整个交通网络的交通状况信息,这些信息使得他们总能做出正确的决策并采取一致的行为方式;第二个假定,所有出行者采取一致的行为方式,即全部出行者均选择出行时间最短的路径。显然,这两个假定在现实中是无法满足的,为了克服确定型解法的这两个不足,出现了随机型解法。相对于确定型解法,随机型解法放松了部分假定,如假定公路用户的出行路径选择不再是完全一致的行为方式,而是按照某种随机分布的规律进行。随机型分配认为，单个个体的公路用户总是以效用最大化作为路径选择的决策原则，从整体看，由全部个体组成的整体路径选择规律就是效用大的对象被选择的概率大，效用小的对象被选择的概率小。随机型解法显然更符合实际。随机型解法一般有 Logit 模型解法和 Probit 模型解法，下面分别予以介绍。

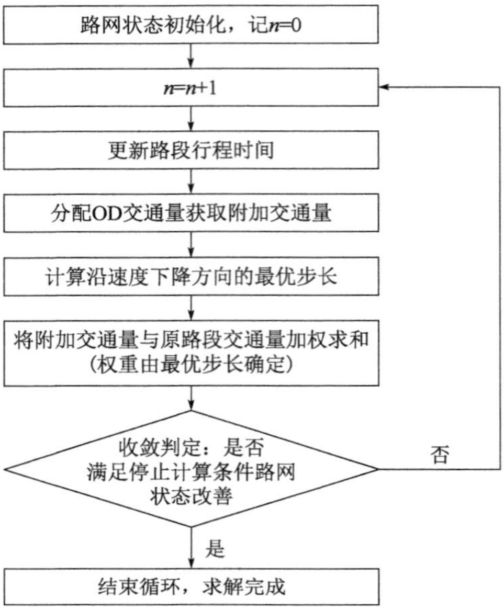

图 5-6　F-W 算法流程图

注：1. 收敛判定步骤中，判定的标准是根据两次相邻迭代计算中交通流量的变化来判定是否停止迭代，如可采用不大于 5% 作为标准；也可采用选择路径上的行程时间变化来判定，如 15%；判定标准由管理者根据实际精度要求设定。

2. 最优步长计算步骤中，可采用二分法求解得到最优迭代步长 a_n。

3. 若权重系数 a_n 直接取 $1/n$，则上述计算流程与连续平均法基本相同。

2）随机型用户均衡路网交通流分配模型 P_s^u 及其解法

（1）随机型用户均衡路网交通流分配的数学模型 P_s^u

随机用户均衡的数学规划模型可表达如下：

$$\min Z(x) = -\sum_{rs} q_{rs} M\left[\min\left\{\frac{C_k^{rs}}{c^{rs}(x)}\right\}\right] + \sum_a x_a t_a(x_a) - \sum_a \int_0^{x_a} t_a(\omega)\mathrm{d}\omega \tag{5-67}$$

$$\text{s. t. } \sum_k f_k^{rs} = q_{rs}, \forall r,s \tag{5-68}$$

$$f_k^{rs} = q_{rs} P_k^{rs} \tag{5-69}$$

$$f_k^{rs} \geqslant 0, \forall r,s \tag{5-70}$$

$$x_a = \sum_r \sum_s \sum_k f_k^{rs} \delta_{a,k}^{rs}, \forall a \tag{5-71}$$

上述模型 P_s^u 中,f_k^{rs} 表示 OD 对(r,s)间路径 k 上的流量;$\sum_k u$ 表示任一 OD 间的所有路径集合;q_{rs}表示 OD 对(r,s)间的流量;P_k^{rs}表示 OD 对(r,s)间路径 k 的选择概率,是以路段实际行程时间 t 为参数的选择函数,即$P_k^{rs}=P_k^{rs}(t)=P(C_k^{rs}\leqslant C_l^{rs},\forall l\neq k)$,$l$ 和 k 为(r,s)间的路径;C_k^{rs}和c_k^{rs}分别为 OD 对(r,s)间路径 k 的感知行程时间和实际行程时间,二者有如下关系:$C_k^{rs}=c_k^{rs}+\xi_k^{rs},\forall k\in k$,$k$ 为 OD 对(r,s)间所有出行路径的集合,ξ_k^{rs}为表示行程时间感知误差的随机项,一般认为 $E(\xi_k^{rs})=0$,则 $E(C_k^{rs})=E(c_k^{rs})$。

(2)随机型用户均衡路网交通流分配模型 P_s^u 的解法

模型 P_s^u 一般采用 Logit 模型解法或 Probit 模型解法,二者的算法步骤可统一归纳如下:

步骤 0:路网初始化。由各路段流量为 0 得到各路段的初始行程时间,然后进行随机网络流量分配(采用 Logit 模型或者 Probit 模型),得到各路段的初始流量集合 X_a^1,并令迭代次数 $n=0$;迭代次数 $n=n+1$。

步骤 1:更新路段实际行程时间。根据当前路段流量和函数关系 $t_a^n=t_a(x_a^n)$,得到各路段新的实际行程时间。

步骤 2:确定搜索方向。根据各路段当前的实际行程时间进行随机网络流量分配(采用 Logit 模型或 Probit 模型),得到各路段的附加交通流量 y_a^n,进而得到搜索方向$d_a^n=y_a^n-x_a^n$。

步骤 3:更新路段流量。$x_a^{n+1}=x_a^n+\frac{1}{n}d_a^n=x_a^n+\frac{1}{n}(y_a^n-x_a^n)$。

步骤 4:判断是否满足收敛条件。如果满足,则终止循环,否则返回步骤 1,令$n=n+1$。

通过随机网络流量分配的方法,得到各路段的流量值。对于 Logit 模型,可以按照 STOCH Probit 模型采用 Monte Carlo 法(产生路段感知行程时间随机数,进行全由全无分配,反复迭代直至满足终止条件)来计算。

收敛性判断可以采用迭代过程中最后几次流量平均值来判断是否收敛,令 $\bar{x}_a^n$ 表示最后 m 次迭代中的流量平均值,

$$\bar{x}_a^n=\frac{1}{m}(x_a^n+x_a^{n+1}+\cdots+x_a^{n-m+1})=\frac{1}{m}\sum_{l=0}^{m-1}x_a^{n-l} \tag{5-72}$$

一般取 $m=3$,收敛准则可定义为:

$$\max\left\{\frac{|\bar{x}_a^{n+1}-\bar{x}_a^n|}{\bar{x}_a^n}\right\}\leqslant k \tag{5-73}$$

式中，k 为预先指定的常数。上述算法步骤可用图 5-7 来表示。上述 P 模型的统一解法步骤中，关键是随机路网的 Logit 模型或 Probit 模型分配方法。下面分别具体介绍。

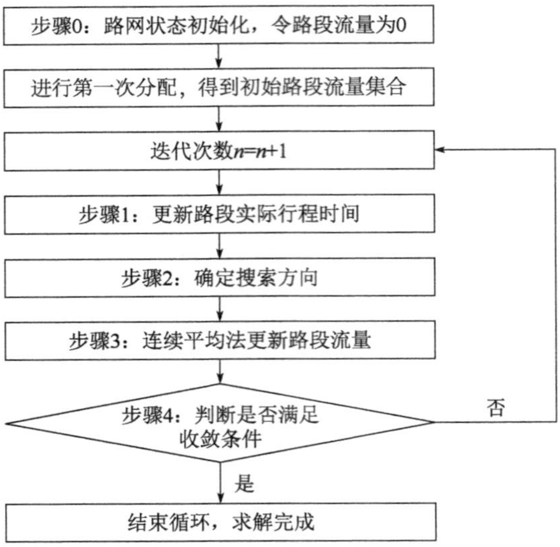

图 5-7　随机型用户均衡路网交通分配模型解法流程图

①路网交通流分配模型 P_s^u 的 Logit 模型解法

Logit 模型假定路网各路径的效用函数的随机项 ξ_k^{rs} 相互独立且服从 Gumbel 分布（也叫 Weibull 分布），Gumbel 分布的分布函数为 $F(\omega)=P(\xi_k\leqslant\omega)=\exp[-\mathrm{e}^{-\mu(s-\eta)}]$。

选择路径 k 的概率为：

$$P_k=\frac{\mathrm{e}^{v_k}}{\sum_{l=1}^{K}\mathrm{e}^{v_l}}=\frac{1}{1+\sum_{l\neq k}\mathrm{e}^{v_l-v_k}},\ \forall k,l\in k \tag{5-74}$$

式(5-69)中，$v_k=-\theta c_k^{rs}$，c_k^{rs} 为路径 k 的实际行程时间，θ 可看作衡量感知行程时间与实际行程时间之间误差大小的参数，或者说是度量出行者总体对路网熟悉程度的指标。

尽管可以计算路网中每个 OD 对的每一条路径的选择概率，但是，Logit 模型解法的 STOCH 算法仅仅计算连接 OD 对间的所有有效路径的选择概率。有效路径的意思是：从路段的起始节点走到终止节点后，终止节点离起点 O 更远的同时离终点 D 更近。

Logit 模型 STOCH 算法的流程如下：

a. 步骤 0：初始步骤。

(a)定义 $r(i)$ 为从起点 r 沿最短行程时间路径到节点 i 的行程时间。

(b)定义 $s(i)$ 为从节点 i 沿最短行程时间路径到终点 s 的行程时间。

(c)定义 down(i)为由节点 i 为起始节点的所有路段的终止节点集合（即 i 所有的下游节点的集合）。

(d)定义 up(i)为所有终止节点 i 的路段起始节点的集合(即 i 所有的上游节点的集合)。

(e)计算从起点 r 到节点 i 的最短行程时间,得到每个节点的 $r(i)$。

(f)计算从节点 i 到终止节点 s 的最短行程时间,得到每个节点的 $s(i)$。

计算所有有效路段 $i \to j$ 的边权 $L(i \to j)$,如下:

$$L(i \to j) = \begin{cases} e^{\theta[r(j) - r(i) - t(i \to j)]} \\ 0 \end{cases} \tag{5-75}$$

对有效路段[$r(i) < r(j)$且 $s(i) > s(j)$],其余路段用 $t(i \to j)$表示路段($i \to j$)的实际行程时间。对于 i、j 两个点,当 $r(i) < r(j)$时,为 j 的上游节点;反之,则为下游节点。

b. 步骤 1:前推。

从起点 r 开始,按 $r(i)$值从小到大排列节点,对每一个节点 i 计算路权 $w(i \to j)$,其中 $j \in \mathrm{down}(i)$,可得

$$w(i \to j) = \begin{cases} L(i \to j) & i = r \\ L(i \to j) \sum\limits_{m \in \mathrm{up}(i)} w(m \to j) & i \neq r \end{cases} \tag{5-76}$$

如果用文字叙述这个公式,就是:

每条边的路权等于该边的边权乘以该边所有上游边的路权总和。

包含起点的边的路权等于边权。

c. 步骤 2:反推。

从终点 s 开始,按 $s(j)$值从小到大排列节点,然后对每一个 $i \in \mathrm{up}(j)$分配路段流量 $x(i \to j)$,有:

$$x(i \to j) = \begin{cases} q^{rs} \dfrac{\omega(i \to j)}{\sum\limits_{m \in \mathrm{up}(i)} \omega(i \to j)} & j = s \\ \left[\sum\limits_{m \in \mathrm{down}(j)} x(j \to m)\right] \dfrac{\omega(i \to j)}{\sum\limits_{m \in \mathrm{up}(j)} \omega(m \to j)} & j \neq s \end{cases} \tag{5-77}$$

这个公式用文字叙述为:

(a)对每个节点,从上游边流入的流量和等于从下游边流出的流量和。

(b)对每个节点,其所有上游边的流量按该边的路权大小成正比分配。如此,即完成了一个 OD 对的流量分配。对其他 OD 对,反复采用该算法,直至所有 OD 对的交通需求都分配完成为止,最后对各路段的分配流量进行叠加计算,即可得到整个路网的流量分布。

②路网交通流分配模型 P_s^u 的 Probit 模型解法

由于多元 Logit 模型假定效用函数的随机项相互独立且随机项的方差固定，这导致 Logit 模型存在两个明显的不足，在 Probit 模型中，随机项不再相互独立，方差也不再固定。Probit 模型假定路径感知行程时间的随机项的联合密度函数为多元正态分布，即

$$C^{rs} = \mathrm{MVN}(c^{rs}, \sum rs) \tag{5-78}$$

式中，C^{rs}为起讫点(r,s)间路径的感知行程时间，即 $C_k^{rs} = \sum_a T_a \delta_{a,k}^{rs}$。

T_a 为路段 a 的感知行程时间，且 $T_a \sim \mathrm{N}(t_a, \beta t_a)$，$\beta$ 为比例常数，其含义为单位出行时间路段上路段感知出行时间的方差；C^{rs} 为起讫点(r,s)间路径的数学期望向量，即 $C^{rs} = [\beta c_1^{rs}, \beta c_2^{rs}, \cdots, \beta c_k^{rs}, \cdots]$；$\sum rs$ 为协方差矩阵，即

$$\sum rs = \begin{bmatrix} \beta c_1^{rs} & \beta c_{1,2}^{rs} & \cdots & \cdots & \cdots \\ \beta c_{2,1}^{rs} & \beta c_2^{rs} & \cdots & \cdots & \cdots \\ \cdots & \cdots & \ddots & \cdots & \cdots \\ \cdots & \cdots & \cdots & \beta c_k^{rs} & \beta c_{k,l}^{rs} \\ \cdots & \cdots & \cdots & \beta c_{l,k}^{rs} & \ddots \end{bmatrix} \tag{5-79}$$

因为多元正态分布密度函数不能直接积分求出，选择某一对象的概率值无法用解析式表示出来，因此，一般采用 Monte Carlo 法求解 Probit 模型分配问题。其思路为：每次迭代时，根据各个路段的估计行程时间的密度函数由计算机产生一个随机数，该随机数的统计分布服从该路段的估计行程时间的密度函数。当每条路段的这个随机数产生后，在一次迭代过程中，所有路段的行程时间函数就由一个概率密度分布变为一个确定的值，这时根据这些确定的值，进行全有、全无分配，即寻找最短行程时间路径，并将流量全部分配到这条路径上，然后将各次迭代分配的路段流量进行平均，进行收敛性检验，然后视收敛情况决定是否进入下一次迭代。如果不满足收敛条件，则进入下一次迭代，再由计算机随机产生一个服从该路段估计行程时间密度函数的随机数。因为每次迭代都是根据路段行程时间函数由计算机随机产生随机数，所以当迭代次数很多时，最终分配到各条路径上的流量分布将遵从行程时间的概率密度分布函数的规律。

上述思路可用图 5-8 来表示。

图 5-8 中，用变量 l 记录迭代的次数，每次迭代时增加。各个计算模块的内容如下。

a. 产生随机数：根据密度函数得到每一条路段的行程时间$T_a^{(l)}$，用$T_a^{(l)}$记录第 l 次迭代时路段 a 上产生的行程时间随机数。

b. 全有、全无分配：根据得到的$T_a^{(l)}$ 将全部流量分配到 OD 对间的最短路径上，得到路段流量集$X_a^{(l)}$，$X_a^{(l)}$记录第 l 次迭代时路段 a 上分配到的流量值。

c. 求平均流量：用$x_a^{(l)}$记录第 l 次迭代时路段 a 上的平均流量，并不需要记录每次分配到的流量，可根据加权法得$x_a^{(l)}=[(l-1)x_a^{(l-1)}+x_a^{(l)}]/l$。

d. 终止迭代检验：用$\delta_a^{(l)}$表示样本中路段 a 在第 l 次迭代的标准差，则根据概率论的公式可得

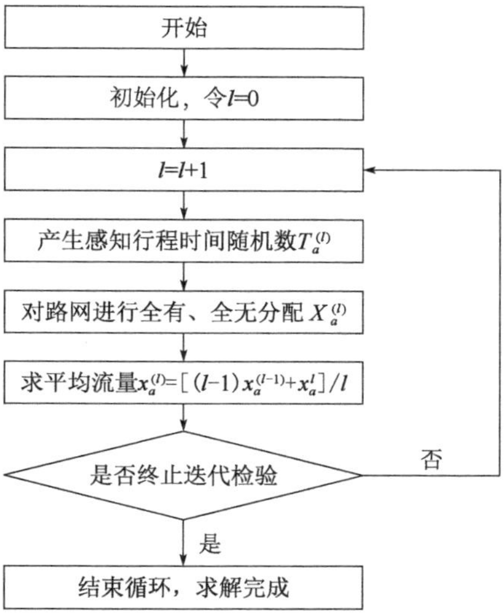

图 5-8　Probit 模型算法流程图

$\delta_a^{(l)}=\sqrt{\frac{1}{l(l-1)}\sum_{m=1}^{l}(X_a^{(m)}-x_a^{(l)})^2}$。终止迭代的标准为 $\max\{\delta_a^{(l)}/x_a^{(l)}\}\leqslant k$，其中，$k$ 为预先设定的常数，终止迭代后各条路径的流量结果为$x_a^{(l)}$。如果不满足终止迭代的条件，则进入下一次迭代。

5.4.3　应急事件下路网运行发展演化态势预测

应急事件下路网运行态势预测包括两方面的内容：一是预测灾变事件的发展演化态势；二是预测灾变事件在高速公路网造成的交通拥堵的时空演化发展趋势。对于第一部分内容，主要是采用经验回归的方法外推事件的演化发展趋势。对于第二部分内容，结合前面的研究分析，得到灾变事件下路网运行态势预测的基本思想：在事件发生初期，以确定型用户均衡路网交通流分布模型$P_{\mathrm{d}}^{\mathrm{u}}$来预测路网的交通流量分布，再结合灾变事件下路网各路段通行能力的变化情况，由此推算灾变事件信息发布前路网的拥堵范围及其演化发展态势；在灾变事件信息发布后，以随机型用户均衡路网交通流分布模型$P_{\mathrm{s}}^{\mathrm{u}}$来预测路网的交通流量分布，再结合路网各路段管理单元在实施了限速、限距等交通管理措施后实际具有的通行能力，由此推算灾变事件信息发布后路网的拥堵范围及其演化发展态势。基于上述思想及交通流理论，即可推算灾变事件下路网运行态势的时空发展演化趋势，主要的是路网拥堵路段及拥堵范围的展演化态势。

1）应急事件对路段影响范围的计算

当路网发生应急事件时，由于路段瓶颈或路网瓶颈处通行能力突然降低，导致瓶

颈处及其上游路段发生交通拥挤或堵塞。这种拥挤或堵塞,如果控制不当,拥挤流将如同流体波向上游扩展。根据交通流理论,可用波动理论来计算交通拥挤波的影响范围,考虑各种事件对交通流影响的异同。计算应急事件的影响范围时,分两类计算:恶劣气象条件事件影响范围计算和非恶劣气象条件事件影响范围计算,下面分别进行分析。

(1)恶劣气象条件事件的影响范围

假定重大基础设施所在的高速公路路段范围$[x_1,x_2]$检测到灾害性天气,其中该范围内最上游的管理单元为i,x轴以管理单元i起点为原点。$[x_1,x_2]$的通行能力由原来的C降低至C_i',那么在管理单元i上,若$q_i \leqslant C_i'$,则能满足本单元交通需求的通行需要,不会发生交通拥挤;若$q_i > C_i'$,则管理单元i不能正常疏导车流,交通流的变化如图5-9所示。此时,两列不同密度的交通波仍以激波形式传递,激波的速度U_w是(k_l,q_l)、(k_r,q_r)连线的斜率。其中,$u_{w12}=0$,$u_{wi2}=0$,$u_{wri}<0$。当管理单元i出现灾害性天气时,下游交通流密度减小,上游密度增大,并以u_{wri}向上游移动。

①拥堵的空间范围推算

若恶劣气象条件事件持续时间为$u_{w12}=0$,那么影响范围随时间变化以及最大值为:

$$L = -u_{wri} \times t = -\frac{q_i - q_r}{k_i - k_r} \times t = -\frac{C_i' - q_r}{k_i - k_r} \times t,$$

$$L = L|_{t=t_w} = -\frac{C_i' - q_r}{k_i - k_r} \times t_w \tag{5-80}$$

式中,C_i'为恶劣气象条件事件的通行能力;q_r为上游交通流量,假定$q_{i-1}=q_{i-2}=\cdots=q_r$;$k_r$为上游管理单元交通流密度,假定$k_{i-1}=k_{i-2}=\cdots=k_r$;$k_i$为邻近事发点上游的拥挤密度。在距管理单元$i$的距离小于$L$的$m$个单元均会受到影响,如图5-9所示。

②随时间推进的拥堵演化推算

将恶劣气象条件的不良影响扩展到管理单元$(i-1)$,$(i-2)$,$\cdots$,$(i-m)$所需的时间记为t_{i-1},t_{i-2},$\cdots$,t_{i-m},那么:

$$t_{i-1} = \frac{x_1}{u_w} = \frac{k_i - k_r}{C_i{}' - q_r} \times x, t_{i-2} = \frac{k_i - k_r}{C_i{}' - q_r} \times (x_1 + L_{i-1}), \cdots,$$

$$t_{i-M} = \frac{k_i - k_r}{C_i{}' - q_r} \times (x_1 + \sum_{n=1}^{m-1} L_{i-n}) \tag{5-81}$$

由此,灾害性天气影响在单元$(i-m)$扩展的时间范围为$[t_{i-m},t_{i-(m+1)}]$,灾害性天气持续时间$t_w \geqslant t_{i-m}$时,管理单元$(i-m)$将受到不良影响。

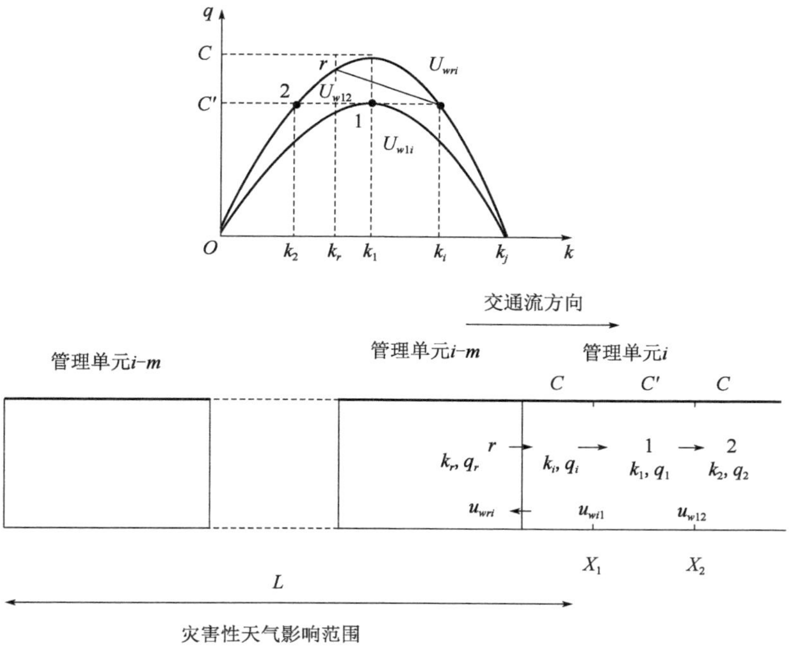

图5-9 恶劣气象条件下交通流变化及影响范围分析

(2)非恶劣气象条件事件的影响范围

在管理单元 i 的路段$[x_1, x_2]$(以 i 的起点为 x 轴原点)发生非灾害性天气事件时,事发点车道数减少,通行能力下降至 $C_{i,n}$,n 为事件等级,不同等级交通事件的 q-k 曲线变化如图5-10所示。同理,当 $q_i \leqslant C_{i,n}$时,拥挤不会扩散;当 $q_i > C_{i,n}$时,事发点上游将发生交通拥挤。下面分别提出其空间影响范围和时间影响范围的计算方法。

①拥堵的空间范围的推算

假设事件持续时间为 t_a,可得到非灾害性天气事件下的空间影响范围(以单向三车道为例)。

四级事件:

$$L = -u_{wri} \times t = -\frac{q_i - q_r}{k_i - k_r} \times t = -\frac{C_{i,1} - q_r}{k_i - k_r} \times t,$$

$$L_{\max} = L|_{t=t_w} = -\frac{0.83C - q_r}{k_i - k_r} \times t_a \tag{5-82}$$

三级事件:

$$L = -u_{wri} \times t = -\frac{q_i - q_r}{k_i - k_r} \times t = -\frac{C_{i,2} - q_r}{k_i - k_r} \times t,$$

$$L_{\max} = L|_{t=t_w} = -\frac{0.49C - q_r}{k_i - k_r} \times t_a \tag{5-83}$$

二级事件：

$$L = -u_{wri} \times t = -\frac{q_i - q_r}{k_i - k_r} \times t = -\frac{C_{i,3} - q_r}{k_i - k_r} \times t,$$

$$L_{\max} = L|_{t=t_w} = -\frac{0.17C - q_r}{k_i - k_r} \times t_a \tag{5-84}$$

一级事件：

$$L = -u_{wri} \times t = -\frac{q_i - q_r}{k_i - k_r} \times t = \frac{q_r}{k_i - k_r} \times t,$$

$$L_{\max} = L|_{t=t_w} = \frac{q_r}{k_i - k_r} \times t_a \tag{5-85}$$

②随时间推进的拥堵演化推算 q_i、k_i

此处同样以单向三车道为例提出非灾害性天气事件影响范围计算方法，其余车道数高速公路计算方法类似，此处不再赘述。

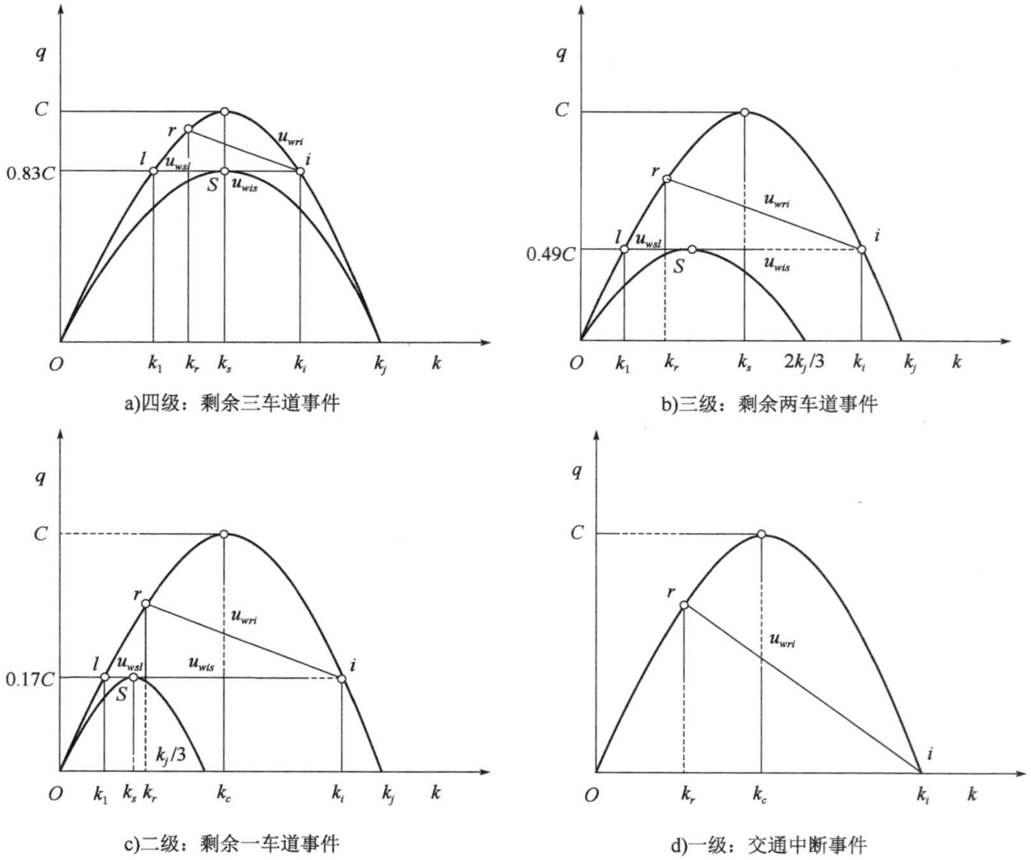

图 5-10

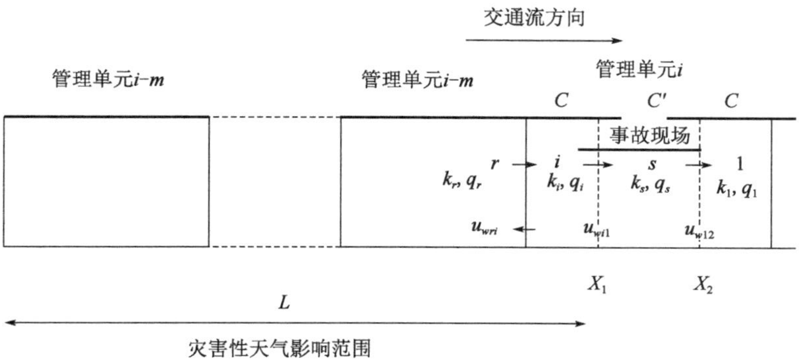

e)事件影响范围分析

图 5-10 交通流变化及影响范围分析

四级事件：

$$t_{i-1}=\frac{x_1}{u_w}=\frac{k_i-k_r}{0.83C-q_r}\times x_1 \tag{5-86}$$

$$t_{i-m}=\frac{k_i-k_r}{0.83C-q_r}\times\left(x_1+\sum_{n=1}^{m-1}L_{i-n}\right) \tag{5-87}$$

三级事件：

$$t_{i-m}=\frac{k_i-k_r}{0.49C-q_r}\times\left(x_1+\sum_{n=1}^{m-1}L_{i-n}\right) \tag{5-88}$$

二级事件：

$$t_{i-m}=\frac{k_i-k_r}{0.17C-q_r}\times\left(x_1+\sum_{n=1}^{m-1}L_{i-n}\right) \tag{5-89}$$

一级事件：

$$t_{i-m}=\frac{k_i-k_r}{q_r}\times\left(x_1+\sum_{n=1}^{m-1}L_{i-n}\right) \tag{5-90}$$

由此，交通事件在单元$(i-m)$扩展的时间范围为$[t_{i-m},t_{i-(m+1)}]$，交通事件持续事件$t_a \geq t_{i-m}$时，管理单元$(i-m)$将受到不良影响。

2) 应急事件对路网影响范围的划分及其计算

根据《高速公路灾害性天气运营控制信息系统标准》，结合应急事件安全管理需要，应急事件对公路网的影响范围可划分为以下 4 类。

(1) 范围 Ⅰ

应急事件所在的路段管理单元，其范围按下式计算：

$$N_{\mathrm{I}} = \begin{bmatrix} L_{a_1\text{-}u\text{-}\mathrm{I}} \\ L_{a_1\text{-}d\text{-}\mathrm{I}} \\ L_{a_2\text{-}u\text{-}\mathrm{I}} \\ L_{a_2\text{-}d\text{-}\mathrm{I}} \\ \vdots \\ L_{a_n\text{-}u\text{-}\mathrm{I}} \\ L_{a_n\text{-}d\text{-}\mathrm{I}} \end{bmatrix} \tag{5-91}$$

式中，N_1表示事发范围Ⅰ；$L_{a1\text{-}u\text{-}\mathrm{I}}$表示事件所在路段$a_1$上行的上游方向，从事发点至事件边界的长度，即范围Ⅰ；$L_{a1\text{-}d\text{-}\mathrm{I}}$表示事件所在路段$a_1$下行的上游方向，从事发点至事件边界的长度，即拥堵范围Ⅰ；其他符号含义类似。当路段无事件时，相应的范围$L_{(\cdot)}$的值取0。

(2)范围Ⅱ

应急事件发生后交通拥堵波反向波及的路网内的所有上游路段，其范围按下式计算：

$$N_{\mathrm{II}} = \begin{bmatrix} L_{a_1\text{-}u\text{-}\mathrm{II}} \\ L_{a_1\text{-}d\text{-}\mathrm{II}} \\ L_{a_2\text{-}u\text{-}\mathrm{II}} \\ L_{a_2\text{-}d\text{-}\mathrm{II}} \\ \vdots \\ L_{a_n\text{-}u\text{-}\mathrm{II}} \\ L_{a_n\text{-}d\text{-}\mathrm{II}} \end{bmatrix} \tag{5-92}$$

式中，N_{II}表示路网的拥堵范围Ⅱ；$L_{a_1\text{-}u\text{-}\mathrm{II}}$表示事件所在路段上行的上游方向，从范围的边界到最上游拥堵边界的长度，即拥堵范围Ⅱ；$L_{a_1\text{-}d\text{-}\mathrm{II}}$表示事件所在路段$a_1$下行的上游方向，从范围Ⅰ的边界到最上游拥堵边界的长度，即拥堵范围Ⅱ；其他符号含义类似。当路段不会产生拥堵现象时，相应的拥堵范围$L_{(\cdot)}$的值取0。

(3)范围Ⅲ

应急事件持续时间范围内到达范围Ⅱ的车流所在的所有上游路段(路网内)，其范围按下式计算：

$$N_{\text{Ⅲ}}=\begin{bmatrix}L_{a_1\text{-}u\text{-Ⅲ}}\\L_{a_1\text{-}d\text{-Ⅲ}}\\L_{a_2\text{-}u\text{-Ⅲ}}\\L_{a_2\text{-}d\text{-Ⅲ}}\\\vdots\\L_{a_n\text{-}u\text{-Ⅲ}}\\L_{a_n\text{-}d\text{-Ⅲ}}\end{bmatrix}=\begin{bmatrix}v_{a_1\text{-}u\text{-Ⅱ}}\times t_a\\v_{a_1\text{-}d\text{-Ⅱ}}\times t_a\\v_{a_2\text{-}u\text{-Ⅱ}}\times t_a\\v_{a_2\text{-}d\text{-Ⅱ}}\times t_a\\\vdots\\v_{a_n\text{-}u\text{-Ⅱ}}\times t_a\\v_{a_n\text{-}d\text{-Ⅱ}}\times t_a\end{bmatrix}\tag{5-93}$$

式中,$N_{\text{Ⅲ}}$表示受应急事件影响的路网范围Ⅲ;$L_{a_1\text{-}u\text{-Ⅲ}}$表示路段$a_1$上行的上游方向,从拥堵范围Ⅱ的边界到应急事件持续时间内进入范围Ⅱ的车流所在路段的最外边界的长度,即事件影响范围Ⅲ;$L_{a_1\text{-}d\text{-Ⅲ}}$表示路段$a_1$下行的上游方向,从拥堵范围Ⅱ的边界到应急事件持续时间内进入范围Ⅱ的车流所在路段的最外边界的长度,即事件影响范围Ⅲ;其他$L_{(\cdot)}$的含义类似;$v_{a_1\text{-}u\text{-Ⅱ}}$表示路段$a_1$上行方向,范围Ⅱ的上游路段的行程车速;$v_{a_1\text{-}d\text{-Ⅱ}}\times t_a$表示路段$a_1$下行方向,范围Ⅱ的上游路段的行程车速;其他$V_{(\cdot)}$的含义类似;$t_a$表示应急事件的持续时间。

(4)范围Ⅳ

不受应急事件影响的路网内的正常路段,其范围按下式计算:

$$N_{\text{Ⅳ}}=\begin{bmatrix}L_{a_1\text{-}u\text{-Ⅳ}}\\L_{a_1\text{-}d\text{-Ⅳ}}\\L_{a_2\text{-}u\text{-Ⅳ}}\\L_{a_2\text{-}d\text{-Ⅳ}}\\\vdots\\L_{a_n\text{-}u\text{-Ⅳ}}\\L_{a_n\text{-}d\text{-Ⅳ}}\end{bmatrix}=\begin{bmatrix}L_{a_1\text{-}u}-L_{a_1\text{-}u\text{-}I}-v_{a_1\text{-}u\text{-Ⅱ}}-L_{a_1\text{-}u}-L_{a_1\text{-}u\text{-}I}-v_{a_1\text{-}u\text{-Ⅲ}}\\L_{a_1\text{-}d}-L_{a_1\text{-}d\text{-}I}-v_{a_1\text{-}d\text{-Ⅱ}}-L_{a_1\text{-}d}-L_{a_1\text{-}d\text{-}I}-v_{a_1\text{-}d\text{-Ⅲ}}\\L_{a_2\text{-}u}-L_{a_2\text{-}u\text{-}I}-v_{a_2\text{-}u\text{-Ⅱ}}-L_{a_2\text{-}u}-L_{a_2\text{-}u\text{-}I}-v_{a_2\text{-}u\text{-Ⅲ}}\\L_{a_2\text{-}d}-L_{a_2\text{-}d\text{-}I}-v_{a_2\text{-}d\text{-Ⅱ}}-L_{a_2\text{-}d}-L_{a_2\text{-}d\text{-}I}-v_{a_2\text{-}d\text{-Ⅲ}}\\\vdots\\L_{a_n\text{-}u}-L_{a_n\text{-}u\text{-}I}-v_{a_n\text{-}u\text{-Ⅱ}}-L_{a_n\text{-}u}-L_{a_n\text{-}u\text{-}I}-v_{a_n\text{-}u\text{-Ⅲ}}\\L_{a_n\text{-}d}-L_{a_n\text{-}d\text{-}I}-v_{a_n\text{-}d\text{-Ⅱ}}-L_{a_n\text{-}d}-L_{a_n\text{-}d\text{-}I}-v_{a_n\text{-}d\text{-Ⅲ}}\end{bmatrix}\tag{5-94}$$

式中,$N_{\text{Ⅳ}}$表示受应急事件影响的路网范围Ⅳ;$L_{a_1\text{-}u\text{-Ⅳ}}$表示路段$a_1$上行的上游方向,不受应急事件影响的正常范围Ⅳ;$L_{a_1\text{-}d\text{-Ⅳ}}$表示路段$a_1$下行的上游方向,不受应急事件影响的范围Ⅳ;其他$L_{a(\cdot)\text{-}(\cdot)\text{-Ⅳ}}$的含义类似;$L_{a_1\text{-}u}$表示路段$a_1$上行的上游方向,从事发点到路网管理边界的距离;$L_{a_1\text{-}d}$表示路段$a_1$下行的上游方向,从事发点到路网管理边界的距离;其他$L_{a(\cdot)\text{-}(\cdot)}$的含义类似。

对于按上述方法得到的4个管理范围,其交通组织管理对策的性质如下。

(1)范围Ⅰ的管理对策的性质:强制性管理对策,属以疏通和安全为目标的微观交通组织管理。

(2)范围Ⅱ的管理对策的性质:建议性管理对策,属以保障交通秩序和安全,避免事态恶化为目标的宏观交通组织管理。

(3)范围Ⅲ的管理对策的性质:提示性管理对策,属以提高路网效率尽量减小事件波及面为目标的宏观交通组织管理。

(4)范围Ⅳ的管理对策的性质:属以保持路网良好运营状态为目标的常态交通管理。

显然,当灾变事件下路网或路段的通行能力小于通过相应设施的交通需求时,路网或路段的相应范围Ⅱ和范围Ⅲ都应当是交通诱导信息的发布范围。当然,对范围Ⅱ和范围Ⅲ内交通流进行分流诱导还可能由于其他原因,比如运营风险指数过高。

应用上述推导所得的应急事件影响范围计算公式,可编写简明实用的计算简图,如图5-11、图5-12所示。

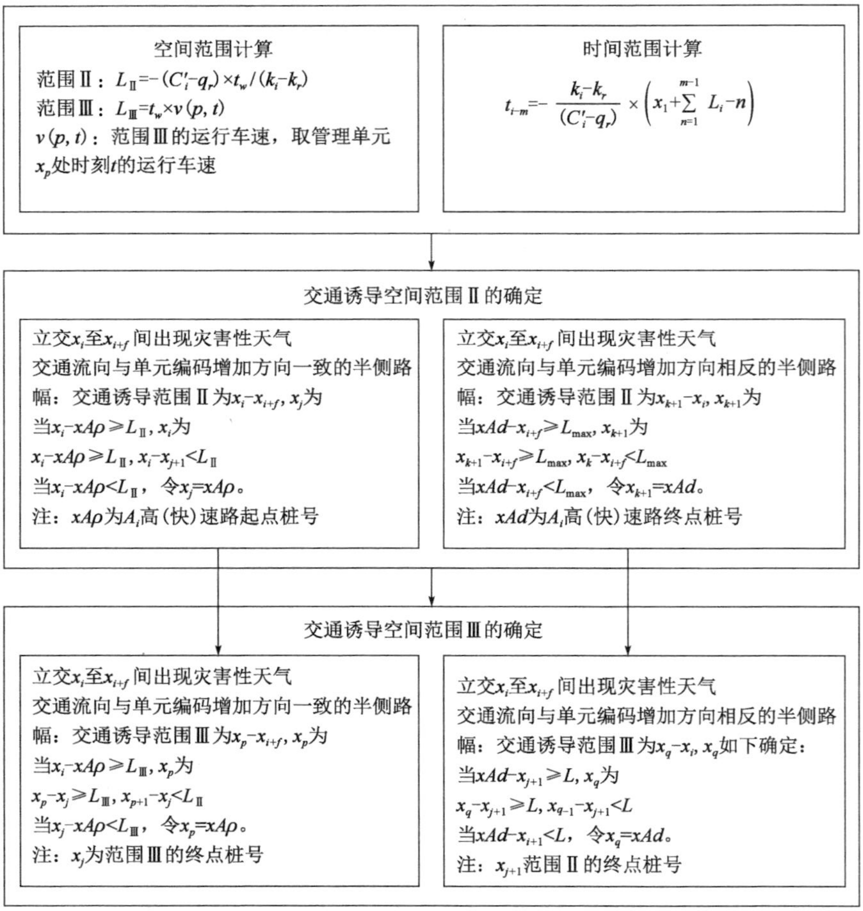

图5-11　恶劣气象条件下事件影响范围计算及诱导范围的确定

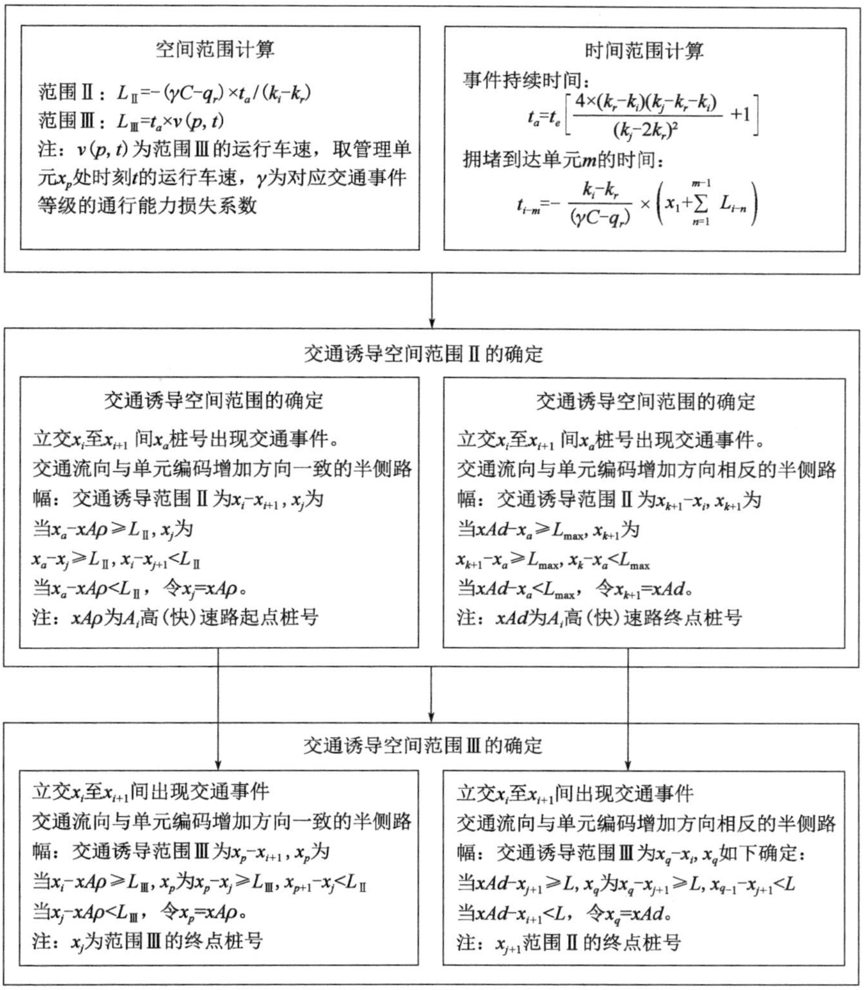

图5-12　非灾害性天气事件影响范围计算及诱导范围的确定

CHAPTER SIX

第6章

公路交通气象预警预报系统

6.1 系统概述

公路交通气象预警预报系统，基于 GIS 地理信息和气象大数据建立，以高速公路气象站数据、路面状况数据、设备状态信息采集为基础，以气象部门大数据为依托，结合路段热谱地图数据分析，可自动实时监测低能见度、大风、强降雨、降雪、路面高温等多种异常公路交通状况，可通过多种有线和无线通信网络及时向指挥中心报警，同时还可以将现场实时视频图像信息，通过网络发送到指挥中心，以可量化的精准数据为交通管制提供决策依据。

公路交通气象预警预报系统的主要建设目标是：基于 GIS 集预报、监测、预警信息发布于一体的公路交通气象服务平台，实现具有定量化、精细化与专业化的公路交通气象服务产品的发布。实现高速公路气象的全面监测和动态管理，提前布置处置策略，降低高速公路的事故率，提高高速公路的通行效率和经济效益。

系统建设分为五大部分：公路交通气象信息数据库、公路交通气象实况监测子系统、公路交通气象预警预报子系统、公路交通气象服务子系统、监控与管理子系统。

公路交通气象预警预报系统采用 B/S(Browser/Server，浏览器/服务器)系统架构，主要包括交互操作、综合查询、模型计算、实况监测、监控管理等，采用 C#语言开发在 Net 环境下实现。

基于公路交通气象信息数据库存储所需的资料数据，配合实时监测报警、天气预报模型等相关算法，四大子系统可实现监测(公路交通气象实况监测子系统)、预报预警(公路交通气象预警预报子系统)、服务(公路交通气象服务子系统)、管理(监控与管理子系统)四大功能。系统整体功能结构如图 6-1 所示。

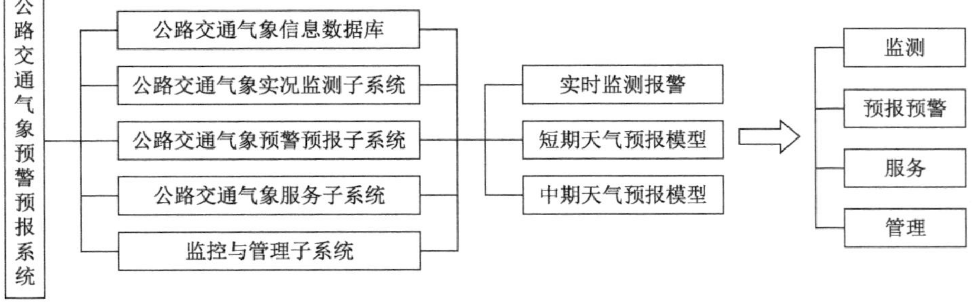

图 6-1　公路交通气象预警预报系统整体功能结构图

6.1.1 公路气象服务系统流程

根据对公路交通气象预警预报系统整体功能结构的分析以及前述对数据的分类和定义，可以分析出该系统的流程大致如下。

(1)数据获取：公路交通气象资料库从保障中心业务系统获取实时更新的原始资料，从公路交通气象站获取公路交通气象站实时数据，从气象服务中心数据库获取常规观测站小时数据、从交通运输管理部门获取交通实况数据、从气象中心预报产品业务系统获取预报数据、从 MICAPS(Meteorology Information Comprehensive Analysis Process System，气象信息综合分析处理系统)获取地面观测资料。

(2)数据处理：根据业务配置，对获取的不同类型原始数据进行解码、要素提取、数据规整、统计加工等处理，按照结构化存储和文件存储方式进行。

(3)交通资料管理：系统根据配置信息进行数据入库、数据出库操作，根据配置进行数据备份、恢复，数据清除等数据管理和处理，同时为具有系统管理、数据库管理权限的用户提供通过界面进行手动数据入库、数据备份恢复以及对外数据服务。

(4)实况监测：实时监测公路交通气象实况数据，并根据数据库中设置好的报警阈值，读取实况数据进行报警。

(5)预警预报：通过综合查询，读取综合数据进行客观判断，并根据相应算法制作预报产品，对外提供公路交通气象服务。

(6)公路交通气象服务：根据公路交通气象服务产品为数据流，向公众、交管部门提供查询查看实况数据、交通相关气象服务。

(7)监控与管理：以用户数据及相应产品配置为数据流，为用户提供整个系统管理与监控功能。

6.1.2 基本技术路线

B/S 模式又称 B/S 结构，是 Web 兴起后的一种网络结构模式。Web 浏览器是客户端最主要的应用软件。这种模式统一了客户端，将系统功能实现的核心部分集中到服务器上，简化了系统的开发、维护和使用；客户端只需要安装一个浏览器，服务器上安装 SQL Server、Oracle、MySql 等数据库；浏览器通过 Web Server 同数据库进行数据交互。

B/S 架构采取浏览器请求，服务器响应的工作模式。用户可以通过浏览器访问 Internet上由 Web 服务器产生的文本、数据、图片、动画、视频点播和声音等信息；而每一个 Web 服务器又可以通过各种方式与数据库服务器连接,大量的数据实际存放在数据库服务器中。

从 Web 服务器上下载程序到本地来执行,在下载过程中若遇到与数据库有关的指令,由 Web 服务器交给数据库服务器来解释执行,并返回给 Web 服务器,Web 服务器又返回给用户。在这种结构中,将许许多多的网连接到一起,形成一个巨大的网,即全球网。而各个企业可以在此结构的基础上建立自己的 Internet。

B/S 体系结构的特点如下:

(1)由于 Web 支持底层的 TCP/IP 协议,使 Web 网与局域网都可以做到连接,从而彻底解决了异构系统的连接问题。

(2)由于 Web 采用了"瘦客户端",使系统的开放性得到很大的改善,系统对将要访问系统的用户数限制有所放松。

(3)系统的相对集中性使得系统的维护和扩展变得更加容易。比如数据库存储空间不够,可再加一个数据库服务器;系统要增加功能,可以新增一个应用服务器来运行新功能。

(4)界面统一(全部为浏览器方式),操作相对简单。

(5)业务规则和数据捕获的程序容易分发。

B/S 部分的软件应用根据具体业务不同,每部分采取不同的实现方式。产品服务和监控管理部分,要对网上用户提供服务,可以采用常规的 ASP. NET 框架完成气象数据的图形显示,并通过浏览器显示给用户。

WebGIS 的原理如图 6-2 所示。

(1)首先,设计一个可以应用 JSP、ASP 等的可以交互的 Web 页,通过此 Web 页,向服务器提交关于 GIS 服务的请求。

(2)请求可以包含对地图相关数据的请求,也会通过 Web 服务器提交给 GIS 服务器或者业务应用服务器。

(3)对于提交给业务应用服务器的请求,先启动业务应用,生成并保存数据,然后通知 GIS 应用服务器。GIS 应用服务器可以使用 Java Serverlet 或者. net 技术或者. com 等,通过这些组件包装软件,获取客户端的请求,调用相应的气候应用,形成可用的 GIS 数据,返回需求的数据(一般是一个地图图片或查询数据集),这个过程被称作地图的 Render,这个操作实际上也是最耗时的。

(4)Web 服务器获取了 GIS 应用服务器返回的图片,然后返回给客户一个 Web 页。

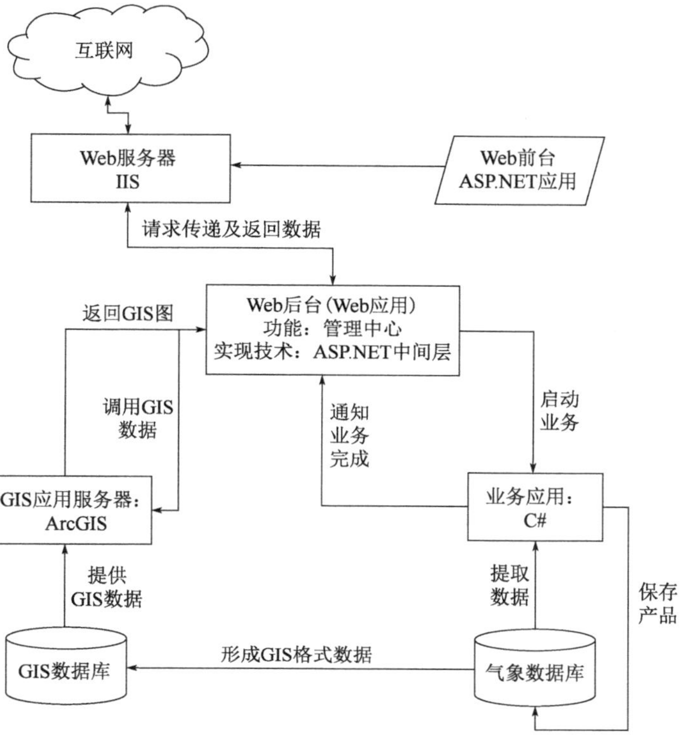

图 6-2 前端技术路线及 WebGIS 基本原理

6.2 系统建设

公路交通气象预警预报系统建设主要分为一个数据库与四大子系统五部分。

(1)公路交通气象信息数据库:使用数据库和文件库为主要手段,存储系统所需的各种资料数据。

(2)公路交通气象实况监测子系统:实况监测子系统。

(3)公路交通气象预警预报子系统:根据交通致灾气象因子判别指标,实现公路交通气象灾害数值预报和高影响天气预报客观预警。在数值预报和客观预警基础上,结合天气形势进行主客观产品预报或者主观产品预报后进行预报分析和预报制作,自动生成分时段、分路段的各类产品。

(4)公路交通气象服务子系统:集预警、预报、监测于一体的高速公路气象服务系统,针对不同用户群体,实现公路交通气象服务产品的展示,为交通安全提供高效、快速的专业气象服务。

(5)监控与管理子系统:实现对系统用户的管理,基础数据的管理,业务资料采集和质量控制、业务资料传输及交通自动站运行状态监控和管理，自动产品发布流程设置，预警预报模型参数设置等。

公路交通气象预警预报系统建设结构如图 6-3 所示。

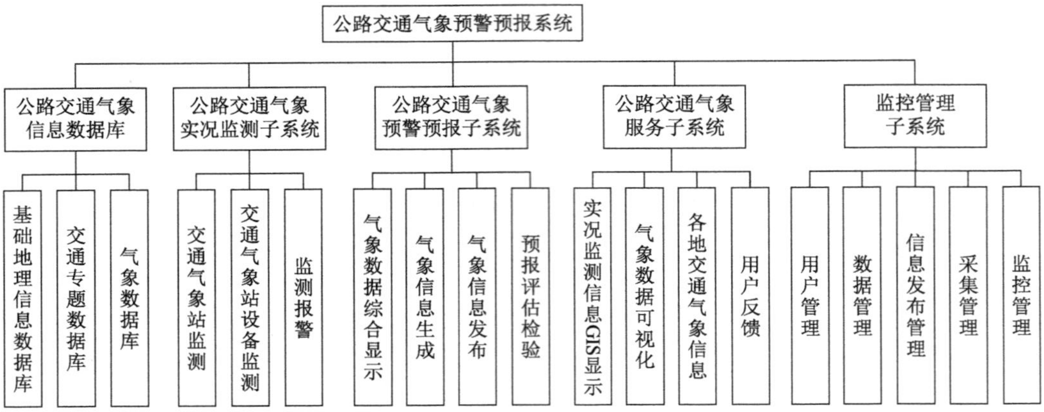

图 6-3　公路交通气象预警预报系统建设结构图

6.2.1　公路交通气象信息数据库

公路交通气象服务软件所需的数据存储管理系统借助于 GIS 中间件和 SQL Sever 数据库管理系统来实现。其中，空间数据库使用 ArcGIS 的空间数据库中间件，将系统所需要的基础地理信息数据和交通专题数据存放在空间数据库中，这样可以提高性能和数据的安全性，并借助于 ArcGIS 空间数据库技术满足系统所需要的数据库的完整性、一致性和安全性需求。关系型数据库采用微软的 SQL Server 数据库管理系统来实现，文件格式数据库均在系统内网的共享目录存放，均可以满足系统对数据库的需求。

数据存储需求主要由存储数据的类型和内容来进行分类存储（表 6-1），主要的数据分为 8 类：基础地理信息、交通专题数据、公路交通气象站实况数据、雷达闪电云图数据、路况及交通实景信息数据、数值预报产品、MICAPS 数据库、公路交通气象服务产品。

数据存储一览表　　表 6-1

类型	内容描述
基础地理信息	存储类型为 GIS 空间数据库，包含行政区、水系、邻近省市边界、DEM 地形数据
交通专题数据	GIS 线格式的交通路线数据和 GIS 点格式的交通设施数据
公路交通气象站实况数据	每分钟更新一次，实时传输的文件库
雷达闪电云图数据	常规气象资料库，可以对接现有数据库接口
路况及交通实景信息数据	从交通部门 FTP（File Transfer Protocol，文件传输协议）方式获取，视频格式存放

续上表

类型	内容描述
数值预报产品	气象台各种数值预报产品
MICAPS 数据库	共享目录方式获取需要类别的 MICAPS 数据
公路交通气象服务产品	文件格式数据库,保存系统制作发布的各种服务产品

气候数据是气候业务的基石,数据标准化规范化是数据基础环境的基础,是系统整体化、集成化和数据共享的基本保证,实况监测功能模块的数据规范化存储设计见表 6-2。按照系统操作员的操作过程来进行逐步规范。

数据规范化存储设计　　表 6-2

输入-处理-输出(IPO)	
输入	数据
输出	存储结果
处理过程	(1)系统操作员从数据采集系统及其他相关系统获取的数据,在入库前,事先定义入库计划,对入库的各个步骤进行预先定义; (2)自动定时进行数据采集; (3)自动对经过标准化预处理,对处理后的数据进行入库,并记录日志; (4)如果自动流程出现异常,写入日志,并可以手动入库

6.2.2　公路交通气象实况监测子系统

公路交通气象实况监测子系统即公路交通气象实况监测模块。监测站实时监测的降雨量、能见度、风向、风速、气温、相对湿度、路面温度、路面状况等信息,通过声音、文字、短信等不同方式,进行分级越限报警和变幅报警。实时监控公路交通气象观测站及相关设备运行状态,在 WebGIS 上动态呈现各站点的当前状态,便于定位和识别,设备出现异常时进行报警提示,如图 6-4 所示。

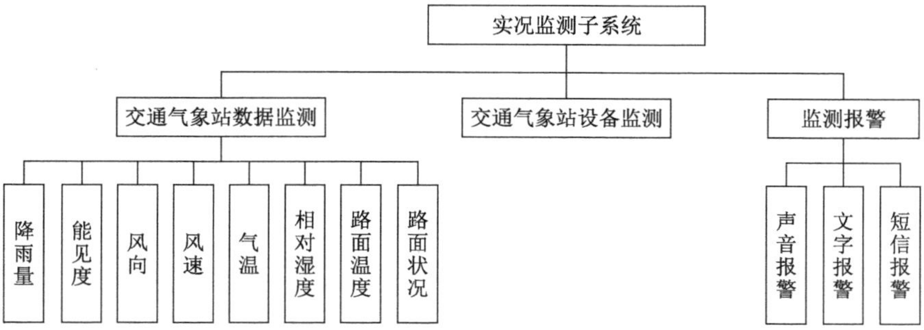

图 6-4　公路交通气象实况监测子系统组成结构图

该子系统的模块分类及功能描述见表6-3。

实况监测子模块一览表 表6-3

模块	功能描述
交通气象站实况监测报警	实时获取交通气象观测站对降雨量、能见度、风速、气温、相对湿度、路面温度等要素的观测值，根据分级越限报警阈值，判断是否进入报警级别，以及属于哪个级别。不同级别的报警信号以不同的符号进行渲染，在WebGIS地图上显示
交通气象站设备报警	交通气象站作为GIS的点符号绘制在WebGIS地图上，后台系统对交通气象站的设备进行监控，如果得到设备运行异常情况，在WebGIS地图上进行报警提示
监测报警	在WebGIS地图上，报警点以高亮闪烁符号发布报警提示，报警内容自动生成文本，网页上可以声音播放，也可以调用短信网关接口，发送警报给业务人员

6.2.3 公路交通气象预警预报子系统

公路交通气象预警预报子系统即公路交通气象预警预报模块，预警和预报两个模块都是调用公路交通气象预警预报里面设计的算法模块，因而放在一个系统里，方便开发。

公路交通气象预警预报子系统是公路交通气象服务软件系统的核心部分，以地理信息系统作为基础技术，根据交通致灾气象因子判别指标，实现公路交通气象灾害数值预报和高影响天气预报、客观预警。在数值预报和客观预警基础上，结合天气形势进行主、客观产品预报或者主观产品预报后进行预报分析、预报制作，自动生成分时段、分路段的各类产品，从而为公路交通气象用户群提供各类文字、图表、图形、图像等公路交通气象预报预警服务产品。

公路交通气象预警预报子系统的综合查询显示各种气象信息，提供基本统计查询功能，为主观预报提供参考依据。产品制作和发布模块根据业务流程，制作各类公路交通气象服务产品，生成所需格式的文档，并通过邮件、传真、FTP、短信等方式自动或手动向用户发布。预报评估检验模块根据业务类型设计检验模型对预报效果进行评估和检验。公路交通气象预警预报子系统的功能结构如图6-5所示。

1）气象数据综合显示

实现气象数据专业显示功能，在GIS地图上显示气象观测站数据（表6-4）、雷达、卫星云图（表6-5）、闪电定位（表6-6）、常规预报结果（表6-7）以及气象知识库（气候背景、指标划分等）（表6-8），并能叠加显示各种实况气象数据和各种数值模式预报数据。

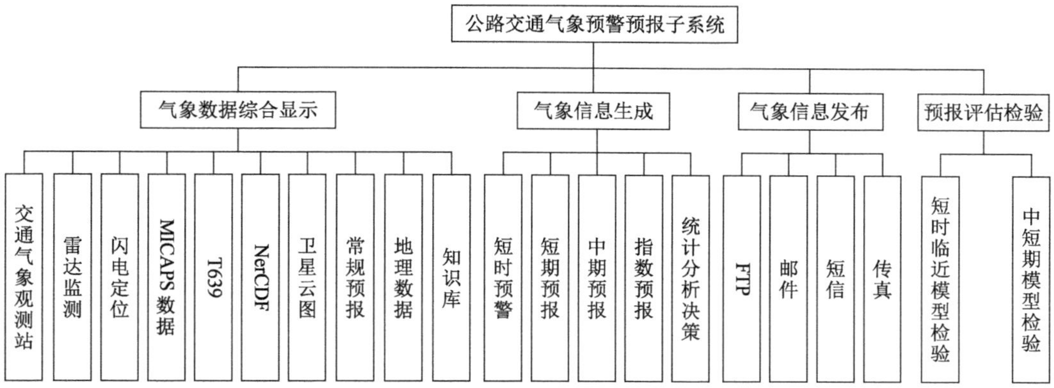

图 6-5 公路交通气象预警预报子系统功能结构图

气象观测站数据显示设计 表 6-4

输入-处理-输出(IPO)	
输入	气象观测站的要素数据(降雨量、气温、气压、风速、风向、湿度、能见度等)
输出	GIS 地图显示
处理过程	(1)选择需要显示的气象观测站数据的区域范围(多个气象观测站)、时间范围、要素类型等; (2)获取并解析气象观测站数据; (3)对固定时间点的多个气象观测站叠加相应的 GIS 地图进行观测要素的空间分布显示,对选定的气象观测站某一时间段的要素数据绘制时序图进行显示

卫星云图显示设计 表 6-5

输入-处理-输出(IPO)	
输入	FY2 红外云图数据、可见光、风云 3 号卫星数据
输出	GIS 地图显示
处理过程	(1)选择需要显示的时间范围、卫星云图数据类型等; (2)获取并解析卫星云图产品数据; (3)叠加相应的 GIS 地图进行空间分布显示

闪电定位显示设计 表 6-6

输入-处理-输出(IPO)	
输入	闪电定位数据
输出	GIS 地图显示
处理过程	(1)选择需要显示的时间范围; (2)获取并解析闪电定位产品数据; (3)叠加相应的 GIS 地图进行空间分布显示

常规预报结果显示设计　　表6-7

输入-处理-输出(IPO)	
输入	常规预报结果数据
输出	显示预报内容
处理过程	(1)选择需要显示常规预报类型、需要显示的时间; (2)获取并解析常规预报产品数据; (3)显示常规预报结果内容

多种气象数据叠加显示设计　　表6-8

输入-处理-输出(IPO)	
输入	各自气象数据图层
输出	GIS 地图叠加显示
处理过程	(1)加载气象数据的相应图层; (2)设置图层是否可见; (3)调整图层的上下顺序或者图层透明度获得较好的显示效果

2)气象信息生成

基于 ArcGIS 桌面 GIS 开发平台,实现公路交通气象预警和临近预报、公路交通气象日报、公路交通气象趋势预报、短期分路段要素预报、公路交通气象一周展望、重要公路交通气象信息专报、重要公路交通气象信息简报等公路交通气象信息生成功能。产品制作以 WebGIS 查询显示信息界面为基础,直接调用 GIS 产品显示中的图层编辑功能,可以直观、方便地对基于 WebGIS 生成的实况监控、模式预报色斑图进行重新划线、修改落区等类似于 MICAPS 中的功能,并能直接对预报员的编辑结果生成公路交通气象信息。

此外,系统后台调用气象预警算法模型库自动化运算形成一系列定制的信息类。通过表格形式预报模型自动化运算设计(表6-9)和气象信息交互制作设计的输入输出和处理过程(表6-10)进行概述。

预报模型自动化运算设计　　表6-9

输入-处理-输出(IPO)	
输入	预报模型自动运行的配置信息
输出	模型执行结果
处理过程	(1)选择信息名称、模型名称、设置自动运行计划作为一个任务保存到运行计划表; (2)启动定时器,当到达任务运行时间,启动任务; (3)任务自动加载1中提供的参数; (4)任务运行,如果成功,输出信息,显示成功,记录日志;如果失败,显示失败信息,记录日志

气象信息交互制作设计 表6-10

输入-处理-输出(IPO)	
输入	符号、文本等
输出	气象信息(文本+图形产品的材料)
处理过程	(1)选择信息名称; (2)使用符号工具箱,在地图上进行标绘(如预警信号、受影响路段等); (3)使用文本工具在地图上添加标题、发布时间、发布单位等信息; (4)保存图形产品; (5)自动载入产品模板,并嵌入(4)中保存的图形产品; (6)编辑 Word 中的文字部分,并保存

3)气象信息发布

将系统制作的各种信息以邮件、传真、FTP、短信等方式自动或手动向用户发布,见表6-11。

气象信息发布处理过程 表6-11

输入-处理-输出(IPO)	
输入	待发布的信息
输出	发布结果
处理过程	(1)载入需要发布的信息; (2)点击"发布"按钮进入发布窗口; (3)选择发布方式(一种产品可以有多种发布方式); (4)点击"确定"按钮发布信息,如果成功,显示发布成功,并记录日志;如果失败,显示发布失败信息,并记录日志。或者点击"取消"按钮返回

4)预报评估检验

预报评估检验包含短时临近天气预警模型检验和中短期天气预报模型检验。临近天气预警模型检验利用空报率、正确率、绝对误差、平均绝对误差等指标检验短时临近天气预警模型。中短期天气预报模型检验利用 TS 评分、技巧评分、正确率、空报率、漏报率、均方根误差、平均绝对误差、预报准确率等指标检验中短期天气预报模型。在对比查询模块,选择不同模型预报结果进行比较分析,并利用评估算法打分比较(表6-12),也可以对预报的结果进行查询(表6-13)。

预报评估检验设计　　表 6-12

输入-处理-输出(IPO)	
输入	预报产品、评估检验算法模型
输出	评估检验结果
处理过程	(1)选择需要评估检验的产品名称; (2)选择评估检验算法模型; (3)运行评估检验算法模型; (4)运行成功,显示评估检验结果表单,记录日志;运行失败,输出失败信息,记录日志

预报结果对比查询设计　　表 6-13

输入-处理-输出(IPO)	
输入	待比较的预报结果、对比分析评估打分算法模型
输出	对比查询结果
处理过程	(1)选择需要比较的产品名称; (2)选择对比分析评估打分模型,分部对需要比较的产品进行评分,包含 TS 评分、技巧评分、正确率、空报率、漏报率、均方根误差、平均绝对误差、预报准确率指标; (3)运行成功,生产评分对比表单,记录日志;运行失败,输出失败信息,记录日志

6.2.4　公路交通气象服务子系统

公路交通气象服务子系统实现公路交通气象服务平台的产品展示。该系统集监测、预警预报于一体,实现具有专业化、精细化与定量化特点的公路交通气象服务产品的展示,为交通安全提供高效、快速的专业气象服务保障。公路交通气象服务子系统以互联网形式对外发布公路交通气象服务产品,不同专业用户可依据各自权限访问网页,并记录用户反馈信息。此外,还可以电视、报纸、短信等形式为公众提供公路交通气象服务产品。其功能结构如图 6-6 所示。

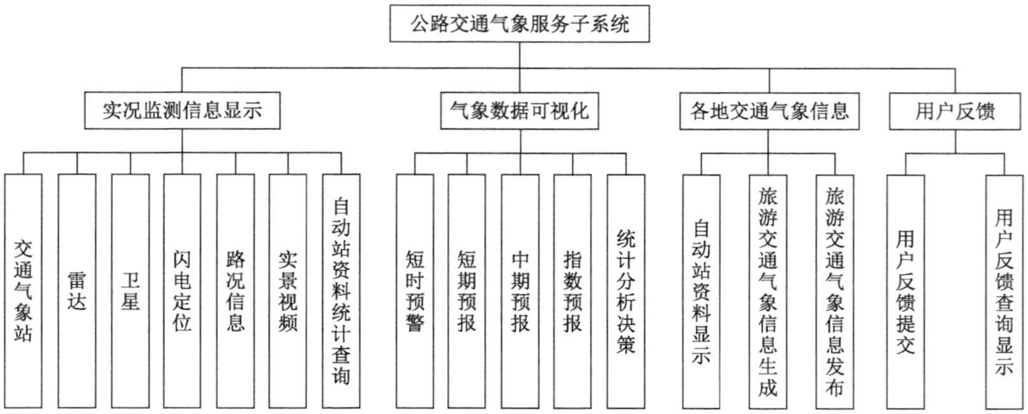

图 6-6　公路交通气象服务子系统功能结构图

1）实况监测信息显示

实现气象数据专业显示功能，在WebGIS地图上显示气象观测站数据、雷达、卫星云图、闪电定位、路况信息、实景视频信息播报。公路交通气象观测站实况监测数据显示设计见表6-14。

公路交通气象观测站实况监测数据显示设计 表6-14

输入-处理-输出（IPO）	
输入	气象观测站的要素数据（降雨量、气温、气压、风速、风向、温度、能见度等）
输出	WebGIS地图显示
处理过程	（1）选择需要显示的气象观测站数据的区域范围（多个气象观测站）、时间范围、要素类型等； （2）获取并解析气象观测站数据； （3）对固定时间点的多个气象观测站叠加相应的WebGIS地图进行观测要素的空间分布显示，并可以设置颜色、符号，分级显示等

以公路交通气象观测站实况监测数据显示设计表为例，雷达、卫星云图、闪电定位、路况信息、实景视频信息播的功能设计类似，只是输入不同，处理过程略有不同，在此不做赘述。

2）气象数据可视化

由公路交通气象预警预报子系统生成发布的各类公路交通气象信息通过交通气象服务子系统实现可视化，见表6-15。

公路交通气象服务产品展示设计 表6-15

输入-处理-输出（IPO）	
输入	交通气象信息名称
输出	WebGIS显示气象信息类型
处理过程	（1）选择需要显示的交通气象信息名称； （2）从产品库获取并加载产品； （3）WebGIS显示产品内容

3）用户反馈

在WebGIS页面，业务人员或者管理员通过用户反馈模块，查询某类产品的专家用户提交反馈信息，从而改进或提升服务产品的能力。

6.2.5 监控与管理子系统

监控与管理子系统实现对公路交通气象服务系统的数据、应用程序、用户、设备、存

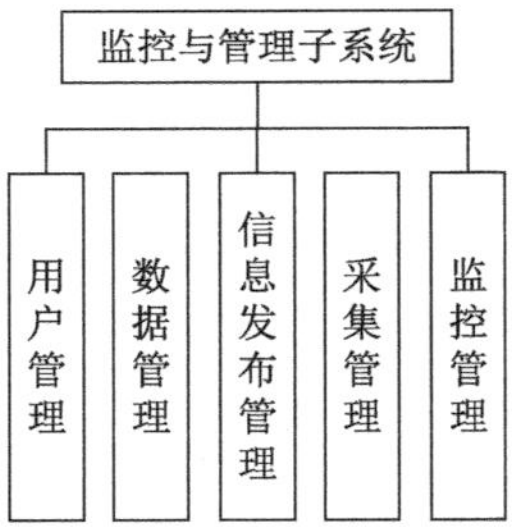

图 6-7　监控与管理子系统功能结构图

储、业务流程等的管理功能(图 6-7)。

监控与管理子系统通过用户管理模块,对用户的信息、权限、角色进行管理。对公路交通气象信息数据库进行 CRUD 操作。对产品发布的地址、发布方式进行增加、修改、删除等操作。提供对共享目录方式、FTP 方式资料的采集管理,为管理员根据需求采集共享目录方式、FTP 方式资料,以及修改原有采集地址提供管理。对观测站状态、数据采集状态、产品分发状态等自动业务流程监控。

1)用户管理

用户管理分为角色权限管理和用户管理两大功能单元。角色权限管理的功能:增加、修改、删除角色,修改包括角色对应的权等、角色名称等。用户管理的功能:增加、修改、删除用户,修改包括用户所属的角色等、用户名称等。

2)数据管理

数据的管理主要分为 7 个方面。

(1)数据管理信息统计:根据实时存储数据和存储管理日志信息,根据业务需要,实时或定时进行数据入库数据和存储日志信息分析,进行指定类型资料、指定时间的实时数据入库数量、入库速率等项目统计,并形成统计报表。

(2)数据存储策略配置:通过交互式的操作界面,根据资料种类,定义实时数据入库作业调度,包括数据入库程序执行的时间、频率和数据接口目录、存储工作目录、存储目标目录、临时存储目录,以及相应的数据库表。

(3)数据管理策略配置:通过交互式的操作界面,定义数据备份恢复策略,包括数据备份和恢复的方式、时间、位置;定义数据清除或迁移策略,包括清除的方式、时间,迁移的时间、位置,以及数据使用策略,即数据使用等级设置与用户等级设置的逻辑关系。

(4)数据定义:定义新的要素、删除要素及相应数据。

(5)数据显示:主显示为显示库中所有要素,如站点格点标志、数据、类型、单位、创建人(或研究组或科室或处室)、创建时间等;子显示为显示库中指定要素,如数据说明及详细信息。

(6)数据修改:修改要素说明信息。

(7)增加自动提取数据:增加需要自动提取的数据。

3)信息发布管理

为系统管理员提供对发布的地址、方式、类型等进行配置、增加、删除、调整顺序修改等操作(表6-16)。

信息发布功能设计　　表6-16

输入-处理-输出(IPO)	
输入	信息名称、发布方式及其配置信息、操作类型
输出	发布信息配置文件
处理过程	(1)系统操作员点击系统的产品发布管理界面; (2)选择准备配置发布方式的信息; (3)系统显示详细信息和已配置的发布方式; (4)对此信息的发布方式可以进行增加、删除、编辑等操作,对多种发布方式可以调整先后顺序; (5)编辑发布方式对应的配置信息,如果是FTP,包含FTP地址、用户名、密码;如果是传真,包含传真号;如果是邮件,包含邮件地址、邮件服务器地址、修改操作记录日志

4)采集管理

提供对共享目录方式、FTP方式资料的采集管理,为管理员根据需求采集共享目录方式、FTP方式资料,以及修改原有采集地址提供管理。采集管理功能设计见表6-17。

采集管理功能设计　　表6-17

输入-处理-输出(IPO)	
输入	数据地址(FTP、共享目录等)
输出	是否成功信息
处理过程	(1)系统操作员点击系统的采集管理界面; (2)编辑数据地址; (3)保存编辑内容,若成功,显示成功;若失败,显示失败异常信息并记录日志信息

5)监控管理

监控管理对系统的应用程序、存储空间、设备运行状态进行监控管理分析。以应用监控功能设计(表6-18)为例,数据监控功能设计类似。

应用监控功能设计　　表 6-18

输入-处理-输出(IPO)	
输入	应用程序模块名称
输出	统计分析图表
处理过程	(1)系统操作员点击的应用监控界面; (2)选择应用程序模块名称; (3)选择监控的时间范围; (4)查看应用程序运行状态; (5)查看应用程序使用的统计分析图表、在指定时间段内应用程序使用者、使用时间、应用程序运行状态等信息

数据监控功能设计:对数据的监控包括对数据使用记录和数据读写记录的监控。对数据的使用记录是指数据入库记录,数据库自动添加、替换数据的操作记录;数据修改记录,用户添加、替换数据的操作记录。对数据的读写记录是指数据入库记录,数据库自动添加、替换数据的操作记录的操作记录;数据修改记录,用户添加、替换数据的操作记录。

6.3　公路交通气象信息预警模型

公路交通气象信息预警模型是指根据公路天气影响交通运输的预警指标的等级对数据进行分析预测,如果达到预警等级则进行警报通知。目前市面上的公路交通气象信息预警模型多用于单项气象要素对公路交通的监测预警或针对交通事故,更多应用于雾、降雪、能见度、公路结冰、路面高温等方面。公路交通气象信息预警模型应用的算法很多,从大量阅读相关文献的结果来看,目前可以采用的气象预警算法有支持向量机(SVM)算法、BP 神经元网络模型、动态聚类法、Logistic 回归方法、配料法预报算法和决策树 C4.5 算法。SVM 算法的主要缺点是对缺失数据敏感。BP 神经元网络模型的最大缺陷是需要很多参数值,难以观察学习过程,输出结果不便理解,结果的可信度和可接受程度会受到一定程度上的影响,执行时间太长,效率不高,也许会达不到试验目的。配料法预报算法适用于降雨量方面,集合多种属性使用起来精确度不太高。回归分析中,对分析中选择的因子、所选因子的表达式的选择都只是猜测,这就影响了因子的多样性和某些因子的不可测性,使得回归分析受到限制。尽管决策树 C4.5算法也存在缺点,但是它使用信息增益率来选择属性,削弱了用信息增益选择属性时偏向选择取值多的属性所造成的影响；而且它的监督分类规则易懂，不会出现过拟合现象，效率高且准确率更大。

6.3.1　决策树 C4.5 算法

决策树算法普遍适用于机器学习和模式识别等方面，多用于解决监督分类等问题。决策树由决策节点、分支、叶节点构成，它是一种预测模型。决策节点是指训练集中未归类的某个属性，分支是指这个属性的不同测试结果，其分支是指这个节点上的不相同的属性值，可能被分类的结果用叶节点表示。该算法利用训练集进行监督分类，最后得到模型。利用该模型对其他样本进行分类预测，其搜索模式是从上至下，从根节点开始直至到最后一个节点为止，其中该样本中的类别就是叶节点的类别标签。

决策树 C4.5 算法一般应用于数据挖掘、机器学习等领域。它的目标是监督学习：提供一组需要分类的数据，属性值代表数据中的每个分组，每个分组都是互斥类中的一个类别。决策树 C4.5 算法是对 ID3 算法的改良，该算法是由澳大利亚计算机科学家罗斯·昆兰（Ross Quinlan）教授所提出的。相对于 ID3 算法，决策树 C4.5 算法对其进行了以下改进：

（1）提高了算法的准确率，最大的改进是将信息增益用信息增益率来代替，以此来选择属性，避免样本数量多时对分类贡献少的属性被选为根节点。

（2）提高了算法的效率。

（3）拓展了其应用的范围。不论是连续性还是离散型的属性数据，它都可以处理，且当属性数据含有缺失值也可对其进行处理；对生成的决策树会进行剪枝处理，避免出现过拟合情况。

决策树 C4.5 算法并不是单个算法，而是多个算法集成——C4.5-no-pruning 和 C4.5-rules。C4.5-pruning 是指在应用决策树 C4.5 算法进行建树之后进行剪枝。为了避免过拟合，决策树的剪枝分为预剪枝（pre-pruning）和后剪枝（post-pruning）。

预剪枝：预剪枝是在构造决策树的同时进行剪枝，为了避免过拟合，设定一个阈值，熵减小的数量小于这个阈值，即使还可以继续降低熵，也会停止继续创建分支。实际上这种方法的效果并不好。

后剪枝：所谓后剪枝，就是在算法结束之后对形成的决策树进行剪枝。对同样父节点的一组节点进行检查，判断如果将它们合并，熵的增加量是否小于某一个阈值，如果小于，则这一组节点可以合并为一个节点，其中包含了所有可能的结果。

C4.5 算法的基本思想是将数据集递归地划分为小的子集，直到子集中样本的所有特征属性均相同或无法继续划分为止。得到的决策树就是基于训练集构建的分类模型。

C4.5 算法的具体步骤如下：

(1)选择当前节点的最优划分属性，即使得信息增益率最大的属性，如果不存在则该节点为叶子节点。

(2)对选择的最优属性的每个取值，分别构建一个子节点，并将样本点分配到这些子节点中。

(3)对每个子节点，递归地执行步骤(1)～(2)，直至满足终止条件，即到达叶子节点或无法继续划分。

(4)构建好决策树，用它进行测试数据的分类预测。

C4.5 算法在构建决策树时，采用了自上而下递归的方法，每次选择最优划分属性进行划分，并在该属性的每个取值上递归地划分数据集。这样，就能得到一个覆盖了训练集所有样本的决策树模型，并可用来对新的测试样本进行分类预测。

6.3.2 基于 C4.5 的公路交通气象信息预警模型

目前路面高温、低能见度、公路结冰、公路积雪已经成为影响行车安全最大非人为因素。交通运输安全、高效和畅通的最大保障就是有完好的公路交通气象预测、预报和警报系统。我国自动气象站的建设现如今也进入高速发展阶段，自动气象站已经大量布置在公路沿线。现在决策树算法被广泛应用在机器视觉、医疗、保险业和气候预测与分类等方面，具有很好的分类整理预测的作用。决策树 C4.5 算法曾广泛应用在天气预测、天气评估方面，于是系统采用决策树 C4.5 算法建立公路交通气象信息预警模型。

(1)为了保证数据的实用性，选择每隔 10min 提取一次数据库中的数据，一次性取 12 条数据，即两个小时的数据。该系统中包含对数据的评定，判定其是否为警报数据，警报数据是通过国家颁布的公路交通气象等级标准、环境温度等级和风力分级对交警部门提供的数据进行评价筛选，其主要评判标准见表 6-19～表 6-21。

能见度(浓雾、降雨)评判标准表　　表 6-19

降雨	能见度 L	警报类别
0	$L>500$m	正常
一小时降雨量≥15mm	200m $<L\leq$ 500m	1 级
一小时降雨量≥30mm	100m $<L\leq$ 200m	2 级
一小时降雨量≥30mm	50m $<L\leq$ 100m	3 级
一小时降雨量≥50mm	$L\leq$ 50m	4 级

风速(区域性强风)评判标准表　　表 6-20

风力等级(风速 v)	警报类别
平均风<7 级(v<14m/s)	正常
平均风≥7 级(v≥14m/s)	1 级
平均风≥8 级(v≥20.8m/s)	2 级
平均风≥10 级(v≥24.5m/s)	3 级
平均风≥12 级(v≥32.7m/s)	4 级

路面高温评判标准表　　表 6-21

温度 T	警报类别
T<55℃	正常
55℃≤T<62℃	微高
62℃≤T<65℃	高
T≥65℃	超高

该系统评定等级中,当气温下降到0℃(微寒)左右,路面温度为临界值 62℃时判定为微高温,超过临界值则判定为高温,要考虑到气温因素。

路面状态对数据分级比较复杂,冬季的情况需要判断当时温度,路面是否同时包括雪和冰,其中数据出现任意两种对交通运行严重影响的条件时,判定路面超滑。筛选分级标准见表 6-22。

路面状态评判标准表　　表 6-22

路面温度	雪	雪厚度	冰	警报类别
-2℃以上	小雪/中雪	0	无	路面湿滑
-2℃以下	大雪	<5cm	无	路面滑
-2℃以下	大雪	≥5cm	无	路面超滑
-2℃以上	小雪/中雪	0	有冰	路面湿滑
-2℃以上	大雪	<5cm	有冰	路面滑
-2℃以上	大雪	≥5cm	有冰	路面超滑
-2~5℃	小雪/中雪	0	严重结冰	路面滑
-2~5℃	大雪	<5cm	严重结冰	路面滑
-2~5℃	大雪	≥5cm	严重结冰	路面超滑
-10℃以下	小雪/中雪	0	严重结冰	路面超滑
-10℃以下	大雪	<5cm	严重结冰	路面超滑
-10℃以下	大雪	≥5cm	严重结冰	路面超滑

(2)计算训练集里面每个属性的信息增益和信息增益率。检验属性用信息增益率来选择,集合 S 的熵的计算公式如式(6-1)所示。

$$\mathrm{Info}(T) = -\sum(\mathrm{freq}(C_i,S)|S|/*\mathrm{lb}(\mathrm{freq}(C_i,S)/|S|)=1) \quad (6\text{-}1)$$

其中,freq(C_i,S)代表 S 中属于类 C_i(k 个可能的类中的一个)的样本数(例如 S 中湿滑警报的样本数);$|S|$表示集合 S 中的样本数。那么对训练集 T 按离散属性 x 划分为 $T_1,T_2,\cdots,T_n$ 的 n 个子集,检验 x 的输出可通过相应子集的熵的加权和求取,如式(6-2)所示。

$$\mathrm{Info}x(T) = \sum(|T_i|/|T|)*\mathrm{Info}(T_i)n_i=1 \quad (6\text{-}2)$$

其中,T 为按照属性 x 进行分区的集合。属性 x 的信息增益率为,如式(6-3)所示。

$$\mathrm{GainRatio}(x) = \mathrm{Gain}(x)/\mathrm{Split\_Info}(x) \quad (6\text{-}3)$$

其中:

$$\mathrm{Split\_Info}(x) = -\sum(|T_i|/|T|*\mathrm{lb}(|\mathrm{Ti}|/|\mathrm{T}|)n_i=1) \quad (6\text{-}4)$$

$$\mathrm{Gain}(x) = \mathrm{Info}(T)-\mathrm{Info}x(T) \quad (6\text{-}5)$$

Gain(x)表示分区前后的集合的熵的差(增益)。

(3)决策树的根节点为信息增益率最高的属性。

(4)在剩下的候选属性中选择具有最高增益率的属性作为当前分叉节点,递归直到形成决策树模型。

(5)预警系统中采用 rule post-pruning(规则后剪枝)算法,利用规则集来修建刚形成的决策树。每一条分支上都有一个规则,它的前件(if 部分)是这条路径上所有属性的合取项,结论(then 部分)是叶节点包涵类预测,将决策树转化为等价的规则集。

(6)对规则集进行评价:对每一个生成规则的相关程度做出评价,如果省略它后该类实例的剩余规则在训练集的分类错误不会增加,则对该规则进行修剪。

(7)根据修建后的精准度将其进行排序并分类,直至到最后的公路交通气象信息预警模型。

通过一个实例来描述预警决策树模型建立的主要流程:通过等级标准筛选出具有警报级别的数据,筛选出来用作训练集和验证的数据集。数据集的属性包括天气、环境温度、路面温度、能见度、风速、路面状态、降雨量,数据集的预测属性是警报类型。训练集数据见表 6-23。

训练集数据　　表 6-23

属性 1 气温	属性 2 风速	属性 3 路面温度	属性 4 能见度	属性 5 降雨量	警报类别
炎热	4 级	高	正常	无降雨	高温
炎热	4 级	高	正常	无降雨	高温
炎热	5 级	高	正常	无降雨	高温
炎热	5 级	高	正常	无降雨	高温
暖	4 级	高	正常	无降雨	高温
暖	4 级	高	正常	无降雨	高温
暖	5 级	高	正常	无降雨	高温
暖	4 级	高	正常	无降雨	高温
微寒	5 级	高	正常	无降雨	微高温
微寒	5 级	微高	正常	无降雨	微高温
微寒	5 级	微高	正常	无降雨	微高温
微寒	4 级	微高	正常	无降雨	微高温

训练集中，属于高温警报的数据样本有 8 个，微高温警报的数据有 4 个，根据集合熵的计算公式(6-1)可以计算出未分区该训练集的熵为：Info(T) = 0.918bit。从表中可以得到 5 个属性，利用这 5 个属性对该训练集去分区，根据 Infox_n 检验 X_n($1 \leqslant n \leqslant 5$)从对应属性的离散值中选择一个属性(例如高温警报类别中气温炎热的数据共有 4 个)，属性 1 将训练集分为三个子集，属性 2 和属性 3 将训练集分为两个子集，属性 4 和属性 5 并没有对该训练集进行分区。分区结果见表 6-24。

分区结果　　表 6-24

类别	炎热	暖	微寒	4 级	5 级	高	微高	正常	无降雨
高温	4	4	0	5	3	8	1	8	8
微高温	0	0	4	1	3	1	3	4	4

利用式(6-2)和式(6-3)可以计算出各个属性的信息增益率为：

气温：Gain Ratio(x_1) = 0.579bit

风速：Gain Ratio(x_2) = 0.093bit

路面温度：Gain Ratio(x_3) = 0.667bit

能见度和降雨量这两个属性的信息熵、信息增益值、分裂信息均为 0，所以其并没有属性的信息增益率。

从首轮的遍历计算可知属性 3“路面温度”的信息增益率是最高的，因此利用“路面温度”这个属性用于划分数据集，该决策树的根节点就是属性 3“路面温度”，每个属性值都会有分支。第一次分区后再重复首次校验选择和优化的过程，进行第二轮的分区，按照属性3“路面温度”分区之后会有两个属性，在“微高”预测属性下对其他属性进行计算检验，“微高”属性的信息熵为0，且其他属性的信息熵、信息增益值、分裂信息均为0，所以产生第二个节点微高温，其分支为“路面温度”的属性“微高”，其父节点为“路面温度”。第三轮在“高”预测属性下对其他属性进行计算校验，其各个属性的信息增益率为：

预测属性高为：Gain Ratio(x) = 0.5030bit

气温：Gain Ratio(x_1) = 0.361bit

风速：Gain Ratio(x_2) = 0.144bit

能见度和降雨量这两个属性的信息熵、信息增益值、分裂信息均为0，所以其依然没有属性的信息增益率。第三轮计算校验之后产生了第三个节点，信息增益率最大属性“气温”，其分支属性为“路面温度”的属性“高”，父节点为“路面温度”。按照第二轮和第三轮的方法，同样将预测属性“气温”“风速”分为几个部分分别进行计算校验和选择，第四个节点为微高温，其分支为“气温”的属性“微寒”，其父节点为“气温”。第五个节点为风速，其分支为“气温”的属性“暖”，其父节点为“气温”。第六个节点为高温，其分支为“风速”的属性“4级”，其父节点为“风速”。第七个节点为高温，其分支为“风速”的属性“5级”，其父节点为“风速”。最后节点为高温，其分支为“炎热”，其父节点为“气温”。

预警决策树已经形成，但是此时并不能立刻对新的数据进行预测。因为完整的决策树形成过程中其对特征的描述太过于精准，不能够做到对新数据对象的合理分析。在这种情况下就出现了剪枝工作，利用剪枝算法对决策树进行修剪，直到形成最终的最佳决策树。该模型中采用的剪枝算法是后剪枝算法中的规则后剪枝（rule post-pruning）算法，其实现流程如下：

（1）从图中预警决策树的根节点路面温度到叶节点的每一条路径都有一个相对应的规则，以if-then形式的表示，将决策树转化为等价的规则集。以上面已形成的决策树为例，if“路面温度高”and“气温炎热”then“高温预警”。

（2）对规则集进行评价：对每一个生成规则的相关程度做出评价，如果省略它后该类实例的剩余规则在这个训练集的分类错误不会增加，则对该规则进行剪枝。形成的决策树中风速下分了两个分支4级和5级，其节点都为高温，经过测验发现利用if“路面温度高”and“气温暖”then“高温”这个规则将风速这个子树剪掉，对训练集的分类错误不会增加，所以将该子树进行剪枝。

（3）根据剪枝后规则的估计精度排序，将这些规则应用到预警决策树中，形成最终的最佳决策树。

上面已经形成的决策树利用测验规则并排序估计精度之后形成的决策树如图6-8所示。

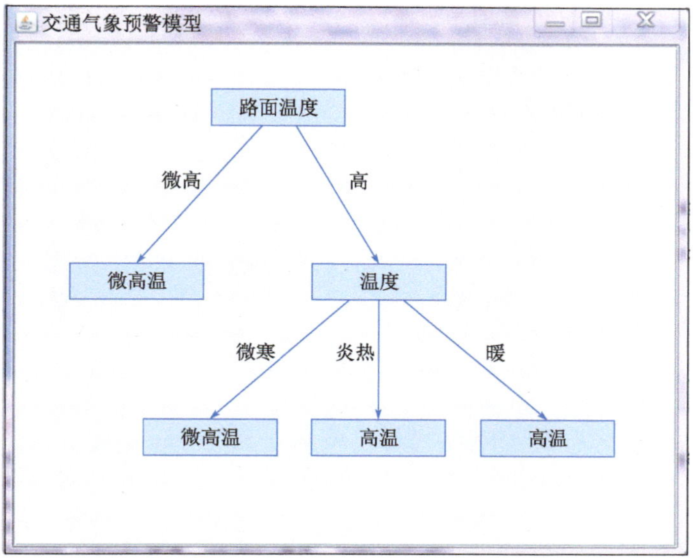

图6-8 公路交通气象信息预警决策树

C4.5剪枝后生成的模型训练规则为：

if"路面温度高"and"气温暖"then"高温"。

if"路面状态有雪"and"气温微寒"then"路面湿滑"。

为了验证该系统分类评估的正确与有效性，从后台数据中抽取了240条警报数据，将这些数据分为两个部分，其中120条数据作为训练集得出来训练规则，另外120条数据用来进行验证估计其准确性。总共做了10次分组试验，最终得到其平均正确分辨率为85.95%(图6-9)，由此可见该分类规则具有很高的可信度。

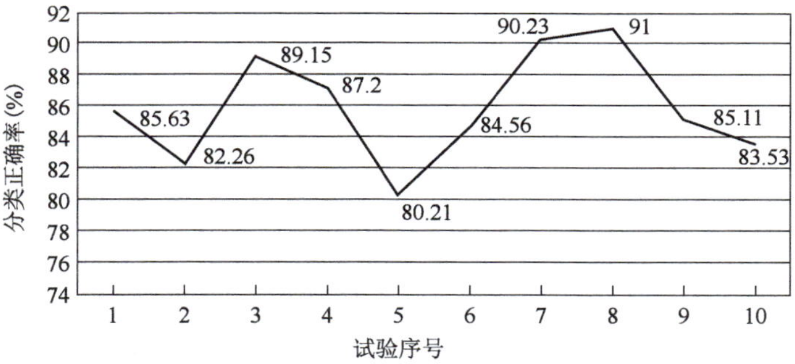

图6-9 预警分类试验准确率

CHAPTER SEVEN

第7章

应对恶劣气象的交通安全解决方案

7.1 路面凝冰预警与融雪自动化处置系统

针对路面凝冰和积雪问题，通过分析研究公路凝冰形成机理，动态监测气象环境与路面状态等关联因素，建立凝冰预警与自动融冰综合管理云平台。基于云计算与大数据技术，实时发布路面凝冰危险等级状况，在凝冰形成初期自动启动融冰系统，可有效抑制路面凝冰的发生；建立凝冰预警、自动喷洒融冰、交通调度与管制四方联动机制，为路网调度指挥中心提供指挥决策依据。

公路凝冰处置系统通过对气象局大数据平台的原始数据进行分析预报，以及埋置于路面内的智能感应终端，实时采集路面信息，用数字通信、自动控制等物联网技术，对采集来的公路交通气象数据及路面凝冰信息进行实时分析，自动发出凝冰预警指令，控制喷洒系统对路面进行智能喷洒液体融雪剂，自动除冰融雪，最大限度地降低冰雪灾害对公路交通安全的影响，快速应对冰雪冻雨等恶劣气象灾害，避免重大交通事故发生。

7.1.1 系统功能

凝冰预警与融雪处置系统主要是针对公路冰雪灾害问题来进行设计开发的。它将气象检测、路面结冰状况检测和除冰融雪喷洒系统融为一体，通过构建凝冰预警与融雪处置管控系统，实现对公路冰雪冻雨情况下的路面凝冰预警、自动除冰融雪等一系列智能化处置服务，保障公路的安全畅通、降低公路事故发生率、提升公路系统运营效率。该系统主要功能由气象监测、凝冰探测、融雪喷洒和管控平台四部分组成。

气象监测主要是检测高速公路沿线的气象数据信息，为凝冰预警和融雪处置的实现提供数据支持。气象监测通过安装在高速公路路边的气象检测设备对高速公路气象数据信息进行采集，例如环境温湿度、路面温度、大气压力、风力风向、雨量等，并将这些数据通过局域网或者专用网络送往监控中心。

凝冰探测主要是用于检测路面实际凝冰点温度并提前预测路面凝冰时间。在监控中心根据气象监测采集来的气象数据信息进行分析，处理之后，启动凝冰探测设备提前探测路面是否会发生凝冰以及路面实际凝冰温度点，推算出路面发生凝冰的预计时间，并发出凝冰预警信息。

融雪喷洒主要实现提前对路面凝冰积雪进行融雪剂喷洒，从而防止路面结冰，确保行车安全。根据凝冰探测设备获得当前路面凝冰温度点和气象站检测的气象数据信息，采用相应的控制算法，实现当路表温度在凝冰点温度附近时，自动开启融雪剂喷洒设备，同时也支持手动启动喷洒设备。

管控平台可以通过实时监控、查询气象数据、管理用户及设备信息和系统配置等，从而实现对凝冰预警、融雪处置等智能化服务，同时对用户及设备信息、数据信息以及系统运行中的重要操作等进行记录、存储和管理，方便管理员进行管理与查询。

7.1.2　系统硬件概述

凝冰预警与融雪处置管控系统硬件部分主要是由凝冰探测传感器、路域自动气象站、融雪剂喷洒控制柜组成。其下位机设备详细介绍如下：

1）凝冰探测传感器

凝冰探测传感器的工作原理是通过快速凝冰来获取实际路面凝冰点温度。其组成部分主要包括固液变相发生器、结冰传感器和信号调理模块。图7-1为凝冰探测传感器，图7-2为凝冰探测传感器结构示意图。

图7-1　凝冰探测传感器

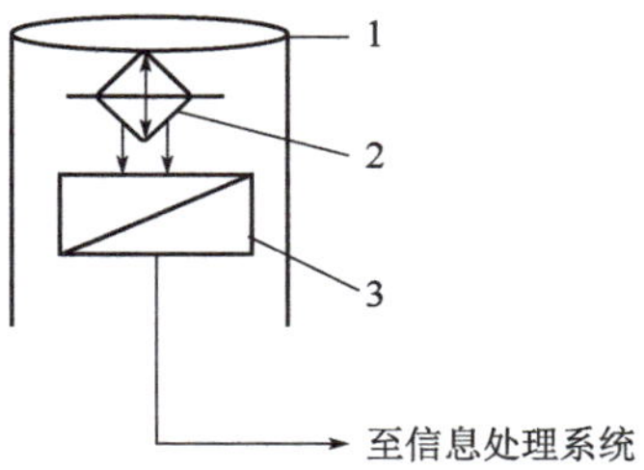

图7-2　凝冰探测传感器结构示意图
1-液固变相发生器；2-结冰传感器；3-凝冰探测控制模块

当气象站采集而来的路表温度小于系统预设的预警温度时，路面凝冰探测传感器启动液固变相发生器对探测器中的液体进行快速凝冰，从而探测实际路面凝冰点温度。同时，结冰传感器实时探测传感器中凝冰过程中的状态。凝冰探测控制模块主要实现信号的接收、放大、滤波以及数据通信等基本功能，处理来自液固变相发生器和结冰传感器的信号，并实时将处理后的信息通过以太网传输至信息处理系统，即凝冰预警与融雪处置管控平台，同时能够接收和处理来自管控平台的启动和停止探测的指令。

2)融雪剂喷洒控制柜

融雪剂自动控制柜连接布设于公路沿线的喷洒设备,用于对高速公路的凝冰除雪喷洒进行控制。融雪剂自动控制柜主要由喷洒控制模块、继电器和液位检测传感器组成。其中喷洒控制模块主要作用是接收和处理上位机的请求,例如,融雪剂喷洒控制柜的启动和停止、接收和处理液位检测传感器的信号以及喷洒参数的设置;继电器主要用于远程控制电磁阀来控制喷头喷洒;液位检测传感器主要用于检测融雪剂剩余量。

3)路域自动气象站

路域自动气象站主要用于高速公路周边气象数据和视频的采集,其气象数据例如环境温湿度、路表温度、气压、风力风向、雨/雪量、能见度等。其主要组成部分包括ARM(Advanced RISC Machines)数据采集板以及各种气象数据采集传感器。气象数据采集传感器将采集到的数据送到ARM数据采集板进行处理后,通过网络芯片DM9000提供统一的URL接入以太网将数据传送到凝冰预警与融雪处置管控平台,为凝冰探测以及融雪处置提供数据支持。

7.1.3　凝冰预警与融雪处置系统架构

根据上述凝冰预警与融雪处置功能和硬件设备概述,凝冰预警与融雪处置管控系统主要由上位机软件和下位机硬件设备两部分组成。其中下位机硬件设备的主要功能是完成高速公路气象检测、路面凝冰探测和融雪喷洒,上位机软件部分主要是采用B/S架构,利用高速公路网的光纤通信、宽带通信、无线通信等通信手段,通过采用J2EE技术和JBoss服务器平台,搭建有关凝冰预警和自动除冰融雪的智能化服务平台,并形成完整的高速公路交通物联网体系。整个系统的总体架构如图7-3所示。

该系统从下到上包括物理设备层、网络传输层、数据服务层、综合应用层和信息发布层。其中本文涉及的重点是数据服务层、综合应用层和信息发布层。物理设备主要部署在气象灾害严重且不利于人工除冰融雪的高速公路沿线,物理设备层具体包括凝冰探测传感器、路域气象站和融雪剂喷洒控制柜;网络传输层利用Wi-Fi无线网络、Internet局域网、光纤通信专网,实现与物理设备之间的控制与通信;数据服务层为基于Redhat JBoss搭建的数据管理服务器,整合了下位机设备采集而来的气象数据、视频数据以及设备状态数据等,向上提供有关数据动态交换、远程监控等数据管理服务;综合应用层主要是搭建基于交通物联网理念,以路网气象海量信息为基础,智能分析与处理为核心的综合应用软件系统,应用层分析与处理系统功能包括凝冰预警、融雪处置和综合业务管理业务;

信息发布层主要功能是通过网站的形式进行信息发布，用户通过浏览器管理和查看信息，不同用户具有不同的用户权限。

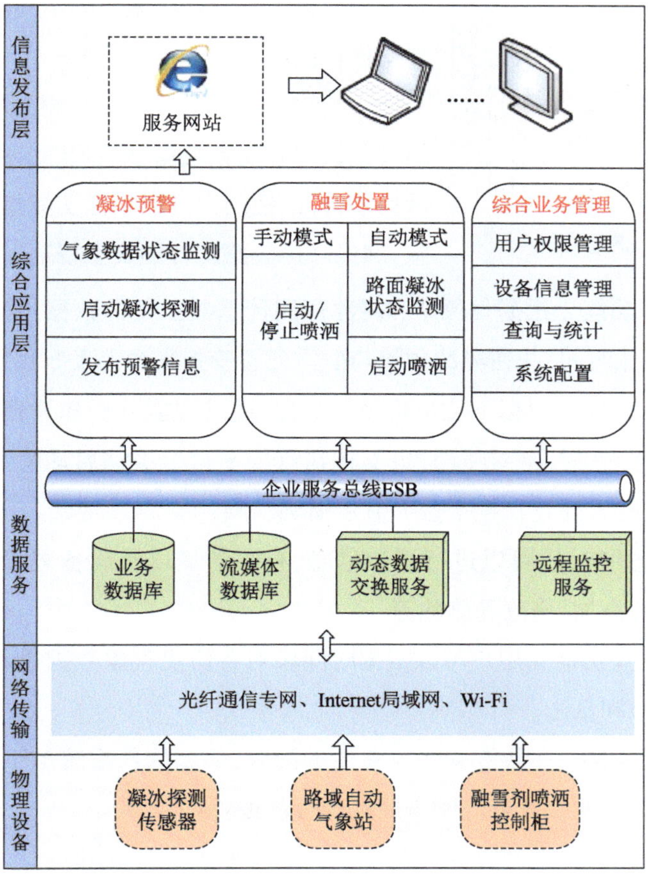

图 7-3　凝冰预警与融雪处置管控系统总体架构图

7.1.4　软件需求分析

根据总体系统的功能和硬件概述以及总体架构的设计，公路凝冰预警与融雪处置管控平台的软件需求分析主要有功能性需求分析和非功能性需求分析两个方面。

1）功能性需求分析

系统软件的设计目的是通过气象监测、凝冰预警及自动除冰融雪等一系列智能化处置服务，快速应对冰雪冻雨等恶劣气象灾害，保障我国高速公路交通运输的安全畅通，从而实现在某种程度上的自动化、智能化发展。结合上述系统概述和总体架构设计，系统软件应具备的基本功能如图 7-4 所示。

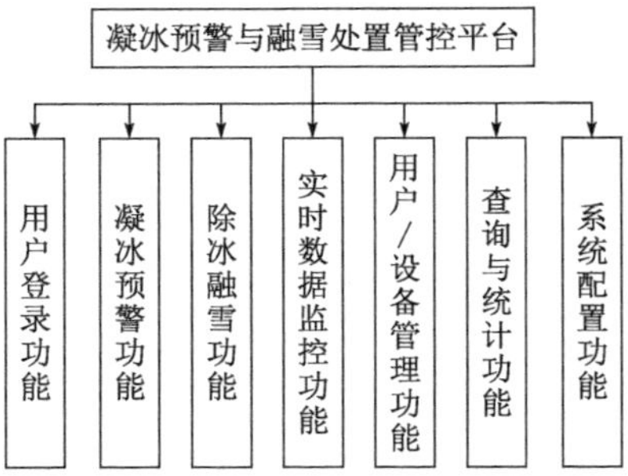

图7-4　系统功能需求

(1)用户登录功能。用户登录系统时,需要对用户的身份进行验证,只有登录名和密码正确才能登入系统。并根据用户登公账号的不同权限级别,只允许其操作相应的功能选项。

(2)实时数据监控功能。根据自动气象站采集的气象数据和视频数据,发布在凝冰预警与融雪处置管控平台,以便用户可以根据实际情况做出相应的措施,确保高速公路运行的安全畅通。

(3)凝冰预警功能。根据气象站和凝冰探测传感器上传的数据,采用智能分析和处理后,获得预计凝冰时间,并在凝冰预警与融雪处置管控平台上发布预警信息。

(4)除冰融雪功能。根据下位机检测的数据,通过智能分析和处理后自动启动融雪剂喷洒控制柜对路面进行融雪喷洒,也支持在管控平台上手动启动喷洒;同时在喷洒过程中,凝冰预警与融雪处置管控平台上显示喷洒动画。

(5)对于部分用户,还可以进行用户信息、权限管理以及设备进行管理。具体包括用户和设备信息的添加、修改和删除等。

(6)查询与统计功能。用户可以根据时间段对各历史气象数据进行查询,并绘制曲线还可以查询图像和日志。

(7)系统配置功能。主要是对系统参数的配置,例如软件系统与下位机数据采集周期和设备状态刷新周期以及页面刷新周期参数的设置。

2)非功能性需求分析

在软件需求分析中,非功能需求分析也是一个非常重要的方面,因为它不仅影响着软件质量的强弱,还决定着用户体验的好坏。也就是说,在满足功能需求的前提下,非功能特性才是软件质量的决定因素。该系统非功能性需求包括以下方面:

(1)安全性需求

随着网络技术的普及和发展,网络安全正受到严重威胁。为了保障软件安全、可靠和持续运行,在软件设计中要考虑相应的网络安全问题。系统安全性分析主要包括数据安全、信息安全、通信安全和网络安全管理。

数据安全,即数据的完整性。系统在进行数据存储时要求对数据库的数据进行备份,以便在突然断电等突发状态下引发的数据库崩溃时能及时对数据更新和恢复,从而确保系统功能的正常数据使用。

信息安全:主要是为了防止不具备某模块权限的用户非法查看和使用该模块信息,从而导致信息安全受到威胁,因此系统需要设置身份验证和超时机制。用户登录系统时,对用户的身份进行验证,并根据其身份的权限级别,只允许其操作该权限下的相应功能;同时为了避免用户登录后在长时间内不操作而出现被其他人员使用的情况,需要对系统设置超时机制,即用户在规定的时间未进行任何操作时,当再次使用时就要求用户必须重新登录,从而保证系统信息的安全使用。

通信安全:该系统上位机软件需要对凝冰探测传感器以及融雪剂喷洒控制柜发送控制指令,同时也需要下位机返回其数据及工作状态,所以它们之间需要建立一种可靠的数据传输通道,因此需要采用安全的 TCP/IP 协议来实现下位机与上位机之间的通信,以确保数据传输的安全性。

网络安全管理:该系统应该对一些下位机动作和用户操作进行日志管理,这样能通过日志了解系统的运行状态和用户的使用情况。根据日志分析的结果对系统故障进行判断,进而采取相应的措施弥补系统上的缺陷和不足。

(2)可靠性需求

可靠性是软件设计性能需求的一个重要指标,该系统可靠性需求主要包括三方面:一是在出现网络故障等外在因素时,要求软件系统程序不能出现异常;二是要求系统服务器能在突然断电情况下自动重启;三是要求软件系统能平均无故障连续运行一个月。

(3)准确性需求

系统主要功能模块包括凝冰预警和融雪处置,而对于凝冰预警来说,主要是通过对当前路面的检测以及结合一定的预测模型,实现对未来路面冰雪冻雨发生凝冰的时间预测,因此,其预测时间的准确性直接关乎整个系统性能指标的好坏,该系统要求凝冰预测时间与实际凝冰时间的误差小于 15%。

(4)用户界面需求

要求所有的页面有统一的界面格式,符合用户操作习惯且适应不同分辨率的显示屏,具有较强的交互性。

7.1.5　软件总体框架设计

软件平台开发主要采用 Eclipse 作为开发工具,JBoss5.1 作为开发应用服务器,MySQL 数据库作为开发数据库。基于上述分析,凝冰预警与融雪处置管控平台软件总体框架是基于 JBoss Seam 架构的三层体系结构,具体包括:表现层、业务逻辑层和实体层。系统软件总体框架如图 7-5 所示。

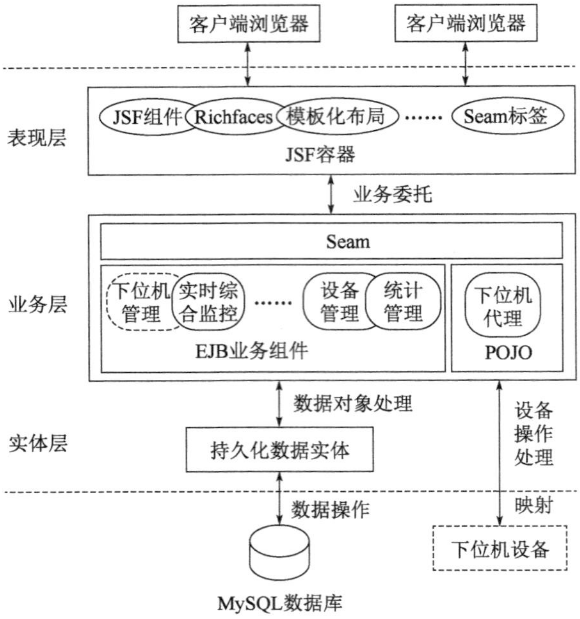

图 7-5　软件总体框架

表现层:主要负责页面展示、页面跳转以及处理用户请求。该层次主要采用模板化布局(Facelets)、Richfaces、Seam 标签和 JSF 组件等技术来实现凝冰预警与融雪处置管控平台页面展示及跳转,当用户通过浏览器操作相应的业务功能时,客户端向 JSF 控制器发送 HTTP 请求,表现层控制器的 Servlet 在接收请求后,通过业务委托调用相应的业务逻辑层的接口,将请求映射到对应的业务逻辑组件中。

业务逻辑层:软件系统设计的核心,主要用于处理系统的业务逻辑功能。业务逻辑层主要由 EJB 业务组件和普通的 java 对象(POJO)组成。其中 EJB 业务组件具体包括下位机管理、实时监控和运行维护管理等模块的业务逻辑,主要用来实现各个业务逻辑,负责响应和处理表现层传来的用户服务请求,并将处理好的结果返回表现层,呈现给用户;POJO 包括下位机代理及其与下位机相关的对象,主要是凝冰预警与融雪处置系统中的凝冰探测传感器、融雪剂喷洒控制柜、自动气象站等下位机设备的映射,实现将对设备的操作转化为针对下位机设备的具体命令。

实体层:主要包括持久化实体对象,用于与数据库表建立映射,从而实现业务组件对数据库气象数据、用户以及设备等信息的存储、检索等功能。

7.2 雾区监控救援系统

在对雾天公路路段实行限速、实施交通管制措施的同时,应建立雾区监控、救援系统,及时发布与管理相关的信息,采取相应的应急救援措施,避免二次事故发生和减少交通延迟。

7.2.1 雾天公路监控系统

公路的雾区监控系统可以及时而有效地检测气象、能见度、交通状态、交通参数等信息,通过系统内部集成软件对获取的信息采取初步处理,并及时向公路的使用者即驾乘人员、公路的管理部门发出相关信息,提高预警能力,从而有效提高雾天公路行车的安全性,保证人、车、路、环境及管理的协调统一,保障公路雾区的基本正常运营。在现有的公路交通管理条件下,提出由公路信息采集系统、公路数据处理及控制系统、实时信息发布系统、行车诱导与消雾系统4个子系统组成的公路雾区监控系统。系统主要功能体现如下:

(1)预警功能。公路控制中心结合气象部门的天气情况预报和设置在公路上的检测系统,识别公路能见度、对雾的有无,作出及时准确的预测和判断,同时在有雾的情况下对雾的浓度和能见度等级进行识别,从而保证公路的运行及管理安全有效。

(2)控制功能。事故发生以后,利用现代化通信技术和设备对突发事件作出快速的反应,制定安全措施和救援策略,同时进行各部门多方面的管理和协调,从而改善交通运行状况,保障高速公路在雾天状况下的正常运行。

(3)服务功能。通过在公路上安装监控系统和检测设备,对探测到的信息进行处理,并及时为出行者及管理部门提供事故信息,减少因事故所引发的出行时间和车辆延误,降低公路上事件发生率。

针对雾对公路安全行车的影响,在我国公路现有管理水平的基础上,建立由雾区检测和雾区控制两部分组成的监控系统。雾区检测系统由公路信息采集系统组成,雾区控制系统由路边和路外两个处理控制系统、信息发布系统、行车诱导系统和公路消雾系统等子系统组成。雾区公路监控系统的设置方案如图7-6所示。

1)信息采集系统

公路的信息采集系统对气象部门雾区预报的相关信息以及探测雾区路段的路面能

见度、气象条件、交通参数、交通状态等数据进行定时收集，之后将相应的检测信号，传递给处理控制系统。就目前而言，我国的许多公路上已设有气象站、雾天能见度检测仪等检测设施，但由于大部分气象检测设施为进口设备，虽然技术水平较高，但价格昂贵，同时管理水平较低，缺乏必要的维护和计量，致使相当数量的数据设备长期处于闲置状态，不能够充分发挥其监测和预警功能。因此，根据我国公路实际情况，应重视对雾区的重点路段、事故高发地点及公路沿线环境的监测，设置设备性能较高，具备在野外长期稳定并准确地采集工作范围内的路面能见度、雨量、风、路面状况及车辆状态、车流状态等信息能力，具备将检测信息快速准确传送给控制中心能力，控制中心依据所收集的信息产生交通预警信息或限速标志图案的高速公路检测设备，及时提供给公路使用者。

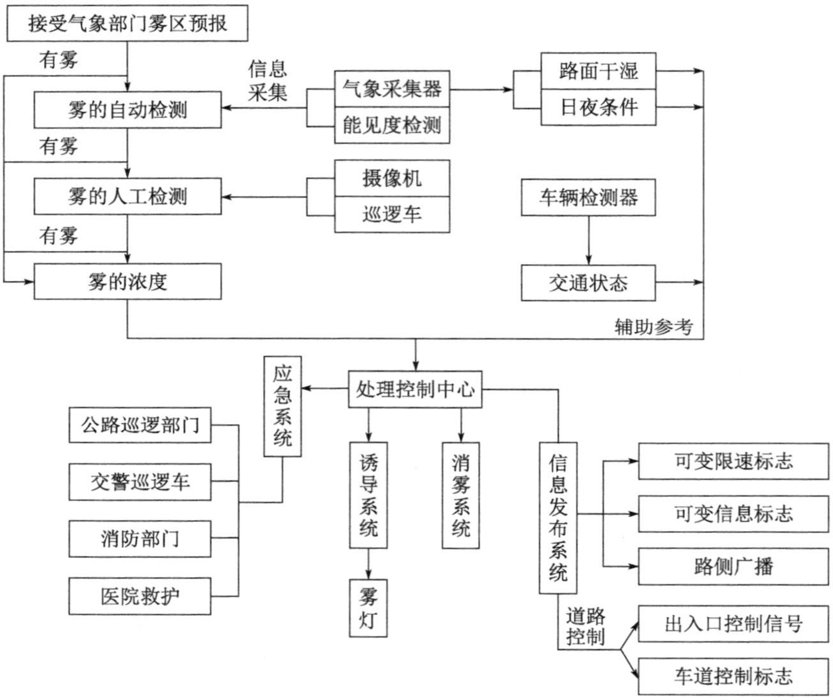

图 7-6 雾区公路监控系统设置方案

2）处理控制系统

公路处理控制系统作为公路雾区监控系统的指挥中枢，控制着其管理范围内的所有控制设施的运转。它能够根据信息采集系统提供的公路能见度数据，对数据进行分析处理，从而检测出雾的浓度，并及时报警，结合当前路面湿滑情况、交通状态、交通参数及日夜环境条件等信息制定相应的雾区公路管理控制策略。通过信息发布平台将合理的管理控制信号发布给公路使用者，同时向应急系统、消雾系统和诱导系统发布相应的控制命令。详细过程如下：

(1)气象部门将雾区的预报情况、雾的检测数据人工检测或自动检测定时发布给系统,系统产生雾的有无及浓度,作为雾区控制的决策依据。

(2)将系统读取的日夜条件数据,作为雾区控制决策的辅助参考。

(3)将气象检测器、交通参数检测器检测的路面湿滑数据,生成路面湿滑状态如湿润、潮湿、干燥等,密度、交通量等参数可作为雾区控制决策的辅助参考。

(4)将车辆检测器读取的交通数据,通过监控中心的计算和转换,结合公路能见度、公路交通参数,并参考路面干湿条件等数据,生成交通状态如正常、临界、拥挤。

(5)在系统监控中心对测量结果进行技术处理,将实时限速信号、车道关闭信息、上游车流诱导信息传送到信息发布系统的同时,将处理数据送往应急处理信息系统。

(6)应急处理信息系统根据需要,及时对雾区中的诱导设施、消雾设施等设备进行开关控制,减缓浓雾程度。

3)信息发布系统

信息发布系统是公路雾区控制系统的重要组成部分。它根据处理公路控制中心传递来的信号,通过信息发布设备,及时、准确地为出行者提供公路交通信息、天气信息、交通控制信息等,是当前公路雾区主要采取的控制手段之一。它直接引导驾驶人员控制车速,控制车道选择、行车路线选择,了解前方交通状况,从而防止车辆拥挤和交通事故的发生。

(1)信息发布系统构成(图7-7)

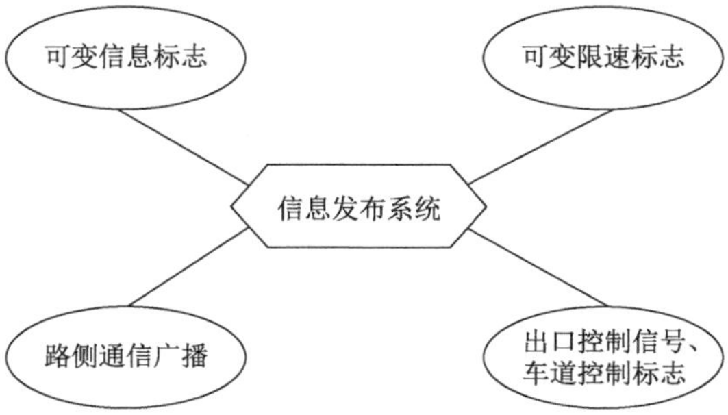

图7-7 信息发布系统构成

各部分功能如下：

①可变信息标志：可变信息标志通常是由一个全彩图形模组和9～11个汉字模组组成,以门架的方式置于公路某方向车道上方。通过公路信息控制中心提供的实时命令、现实道理相关信息等,进行交通诱导、提示、警示,确保交通行车安全。就目前而言,我国

多采用 LED 显示屏进行信息显示，其具有高亮度、大视角、长寿命、高可靠性的特点。

②可变限速标志：可变限速标志可以时刻变动显示限速原因和限速值，主要有两个特点：一是增加注意力。驾驶人员知道限速原因后，注意力会更加集中，在意识上对这一段公路情况更加重视，从而更为严格地执行限速值。二是提高交通量，例如提示浓雾路段出现在相邻两块可变限速标志之间时，驾驶人员可在通过这一路段（雾区）后，在不需要看到远处的下一限速标志前恢复原速度，减少判断时间，提高反应时间，从而提高公路交通量。

③路侧通信广播：公路管理部门可以在路肩、路公路中央分隔带架设广播通信设施，建立公路广播交通信号，公路上的车辆可以利用特有的广播频段，借助设在路肩或中央分隔带上的感应天线接收信息广播，广播内容是公路管理部门通过中央控制室根据收集到的信息由计算机编辑加工并经过声音合成后发出的。鉴于高等级公路车流速度较高，所以广播内容从制作到播放速度必须要快。

④出入口控制信号和车道控制标志：出入口控制信号和车道控制标志主要用于公路进出控制，如果前方突然浓雾或者发生交通事故，则必须进行车辆车头时距的控制，间接放行车辆或是分车道控制车辆。

（2）信息发布系统功能

可以实现高速公路实时信息的接收和上传功能，发布天气气象信息、公路使用信息如堵塞、关闭、事故等，提示驾驶人员选择其他公路行驶；发布公路两侧设施信息、限速信息、警告信息对驾驶人员提供强制性要求等。

可以实现雾天交通应急控制策略的发布功能，如拥堵及排队可能性警告、路径选择引导、可变车道控制、可视距离警告、雾天警告、公路施工警告、安全信息、事件警告、交通信息、车道限制环境警告、速度限制、公路调节控制及行车管理。

4）诱导和消雾系统

诱导系统包括雾灯、智能感应式路面标志等。其中雾灯是主要的组成部分。一般而言，雾灯有一定的透雾能力，其开关按照处理控制系统的控制指令，进行实时控制。在公路路侧设置的雾灯有利于驾驶人员更准确地判定公路线形和边缘。而智能感应式路面标志则可以感知有雾状态，通常将其沿着公路边缘和中心线设置，能够起到良好的导向作用。

在一些地区容易发生长时间的极端恶劣天气，例如我国重庆市，经常容易发生雾天，且雾的浓度比较大，影响恶劣。在浓雾发生频率高，且消雾的投入与效益比较合算的路段，会考虑设置消雾系统。比较成熟的技术有声波消雾、化学制剂消雾、人工消雾等，特别是声波消雾系统，可以通过控制中心的命令随时根据雾的浓度、公路能见度、交通参数、交通状态等影响因素采取消雾措施。由于消雾系统是一个复杂而昂贵的措施，并不会全程路段使用，仅仅有必要在公路事故多发路段、危险路段给予设置，例如长直坡道、转弯路段等特殊路段，满足公路使用者的需求，提高服务水平，提高公路雾天危险路段行车安全性。

7.2.2　雾天公路应急救援系统

公路交通事故应急救援体系的根本任务就是及时获取发生交通事故的信息，包括时间、地点、伤亡情况、周边公路情况等，提高基础救援、医疗卫生服务水平，协调各有关部门迅速采取应急救援行动，最大限度地降低交通事故所造成的人员伤亡和财产损失；减少异常交通状态下公路的流入交通需求尽快恢复公路的通行能力。

1）应急救援系统功能组成

（1）及时获取路网内雾天情况或交通事故的信息，与路网内和交通安全相关的部门进行协调，协助该部门迅速制定相关的救援策略，调集救援物资，展开迅速有效的救援行动。

（2）当公路网内发现雾情和交通事故后，迅速激活相对应的应急救援预案，协调相关部门进行救护、消防、养护等现场事故的处理。严重情况下，可以采取相关措施限制通行，并利用公路交通安全控制系统进行控制。

（3）当公路网内发现雾情和车辆事故后，应该立即对发生事故的车辆进行必要的抢修和维护，最大限度地消除其对公路交通的影响。

（4）在事故未发生路段但邻近路段发生事故可能会影响到此路段，要及时对驾驶人员提供实时的公路信息，对周边行驶的车辆进行诱导服务，帮助其避开异常路段。

2）应急救援系统组成

（1）公路交通事故应急救援组织

公路交通事故应急救援管理工作涉及诸多业务部门，主要包括公路管理部门、交通巡警、消防部门、医院、公安部门等。上述各部门紧密配合、相互协调是圆满处理各种事故的基本条件。交通控制中心在获取交通事故信息后，迅速将信息传递给各个救援部门，救援部门派出的救援队伍快速抵达事故现场展开救援，必要时对现场实行交通管制，并将有关信息反馈给交通控制中心。交通控制中心对比反馈的信息立即更换管理方案，并及时向进入危险路段的驾驶人员提供交通事故的信息，对未进入危险地段的驾驶人员进行安全诱导。其他部门如医疗、消防、路政等部门应做好相关善后工作。

(2)现代化异常交通通信系统

公路正常运营是建立在畅通、可靠的通信系统基础之上的。根据公路交通事故应急反应系统的要求，通信系统应具备的主要功能包括：提供处理路段高速公路与控制中心应急处理之间的日常通信业务和信息联网；提供各级交通运输管理部门与当地的公安、消防、市政、医院、保险等部门的通信；提供公路运营控制中心与车辆的通信；提供各应急反应控制中心与路上行驶车辆的应急通信；提供交通事故现场医疗卫生救助的辅助通信；提供公路交通安全状况通告。

3)应急救援系统流程

当大雾引起公路紧急事故发生时，应急救援中心应该统一指挥公路管理部门和交通控制中心。一旦公路上发生雾情，公路交通控制系统就会检测到公路雾情和公路流量的变化，当检测到异常状态后，交通控制系统就会对所检测的信息进行分析、判断和预测，此时应及时把信息传递到应急救援中心和公路管理部门。同时对事故的基本信息进行记载，例如事故时间、地点、类型等，与此同时激活相应的交通控制系统。然后根据事件的类型、事发地点和严重程度，应急救援中心根据这些情况，选择其相对应的应急救援预案，及时报告主管部门，并接受主管部门的统一指挥。下达具体的救援指令，协调相关的交通管制和引导信息，积极组织救援工作，尽量减少经济损失和人员伤亡。

应急救援指挥中心，在接到事故通报后，对各相关部门进行统一的分工和协调，让他们各司其职，积极开展救援工作。并要及时地将工作发生的情况上报给应急救援指挥中心，以便应急救援指挥中心能够对公路实际状况了解，及时对救援策略进行调整事故处理完之后，由应急救援中心下达完结指令，恢复公路交通的运行。应急救援系统的流程如图 7-8 所示。

4)雾天条件下的应急救援流程

(1)事件检测与确认。如果公路的交通控制系统检测到公路雾情之后，将适时公路天气信息反馈给公路管理部门和公路使用者。

(2)事件快速反应。一旦公路管理者明确事故发生后，结合交通控制系统检测的信息，来评价紧急事故的严重程度，以选取紧急救援预案。

(3)事件信息发布。在公路管理部门确定具体救援方案，通过交通控制指挥中心下达指令，监控中心制定分流方案，并将控制方案及时反馈给后续的车辆驾驶人员，如果情况恶劣，则发布相应的交通诱导信息，并在公路可变情报板和可变限速标志上体现。

（4）现场交通管理。实施救援要依据应急救援预案，注意协调相关部门的工作，严防二次交通事故发生。

（5）事件清理。尽快开展公路清障工作，协调交通，尽快恢复公路通行。

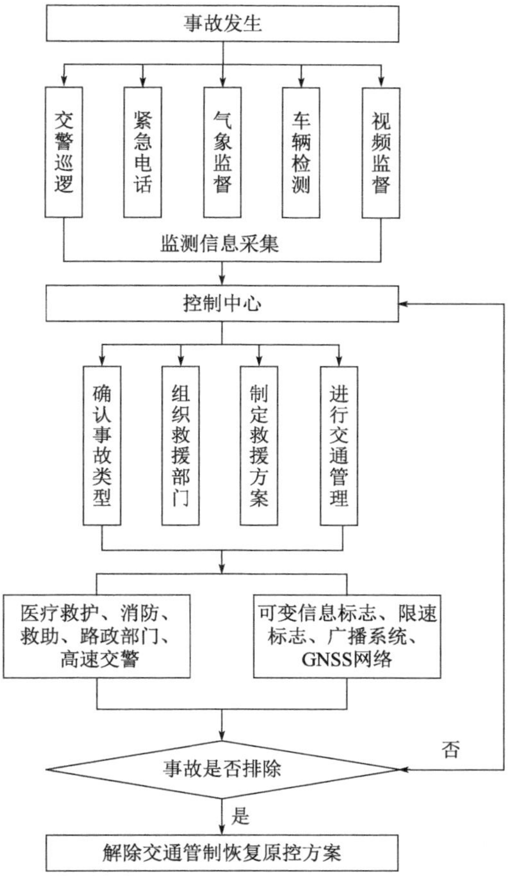

图7-8　应急救援系统流程图

5）应急救援系统预案

如果公路上出现雾情时，其影响严重、波及的范围都比较广泛，对整个公路网都会产生影响，这时对于受影响的路段，这就需要对他们进行分流和疏导，提高路网的使用效率。根据实际路网公路交通流情况和雾天的严重程度，制定3种应急救援预案和分流措施，具体内容如下：

（1）一级救援预案

一级救援预案是针对特大浓雾时，当公路路面能见度不足10m时，公路交通受到严重拥挤和堵塞,事故频繁发生的情况。

公路的雾情和交通事故被公路交通控制系统检测到的时候,公路管理者应该派遣相关的管理人员应该立刻到现场确认紧急事故是否属实如若情况属实,而且情况非常严重,非常容易导致恶劣的交通后果及堵塞。以上情况发生时,立即激活本预案。

如果公路网内出现严重雾情时,管理者应该不要采取封路分流的措施,但是如果确实有必要采取封路措施的时候,应该在5min内向主管领导汇报,取得同意后实施封路分流方案。

公路雾情和交叉口信息要及时反馈给应急救援指挥中心,通过该中心统一协调各部门的救援工作,展开快速、有效的救援行动。

发布雾情和限速分流信息给后续的公路使用者,公路交通控制中心确定分流方案,限速的实时信息在公路可变情报板和可变限速标志上显示,如果紧急事故严重程度较高,还需要对一定范围路网内的车辆进行交通诱导和控制。

所有封闭路段的相关管理人员都应做好如下工作:快速抢救重伤员、快速清理事故车辆;和交警部门协调,疏导交通,做好封路路两端的交通指挥和通行工作。

当公路网内紧急事故发生以后,交警部门应该及时的赶到事故现场,与公安、医疗等部门的工作进行配合和协调,积极疏解公路交通,防止有二次事故发生。

公路控制中心在下达关闭危险路段的指令后,路段上游的收费站应该立刻关闭其入口砸到,交通广播及时播送信息,同时增设车道关闭警告牌,提醒驾驶人员提高注意力,绕路和返回。

应急救援中心对有困难的相关部门协调或支援并及时通知急救中心。

(2)二级救援预案

二级救援预案是指遇到大雾时,当公路路面能见度在10m和50m之间,此时公路行驶的车辆拥挤严重,甚至造成大面积的车道堵塞,交通事故容易发生。

当公路交通控制系统检测到公路的雾情比较严重的时候,公路管理人员要立刻到现场确认事故是否属实如若属实,而且情况并不是十分严重的时候,容易导致交通事故的发生或者公路的堵塞。以上情况发生时,立即激活本预案。

如果公路网内出现较大雾情时,公路管理人员必须在5min内向相关领导汇报,并请领导指示。

应急救援指挥中统一协调公安、医疗等部门的救援工作,要实时监控公路雾情和路口信息上,积极展开救援行动。

交通控制中心在接到通知后,巡查队快速确认,积极与交警部门协调,做好公路交通疏导工作。

事件发生路段和事件影响程度,交通控制中心值班人员应尽快向相关部门通知,同时请各相关部门尽快赶到现场,处理事故。

确定公路分流方案,发布限速分流信息和雾情浓度信息,限速的信息反应在可变情报板和可变限速标志上。

受影响路段的相关管理部门人员到达现场后,应做好以下工作:及时快速抢救伤员、快速清理事故车辆,疏导阻路车辆;和交警部门协调,疏通交通,做好封路路两端的交通指挥和通行工作。

(3)三级救援预案

三级救援预案是指遇到中雾,当公路路面能见度在50m和100m之间时,行驶的车辆造成较大影响,交通拥挤,可能会有轻微的事故发生。

当公路交通控制系统检测到公路的雾情妨碍交通运行时候,公路的管理人员应该立刻到现场确认是否属实如若属实,但影响范围会较轻,车辆运行不畅。以上情况发生时,立即激活本预案。

当公路路网内出现影响交通运行的大雾时候,公路交通控制中心应该在5min内向相关领导汇报,并请领导指示。

雾情和路口信息上报到应急救援指挥中心,由应急救援指挥中统一协调救援工作,积极展开救援行动。

交通控制中心值班人员对异常路段的上游设置警示信息以提高驾驶人员注意力,并对其进行60km/h的限速。

交通控制中心值班人员要尽快告知危险路段,同时请交警、路政、养护等部门尽快赶到现场。

应该增加在大雾天气影响路段较多的路段的增加巡逻次数,利用车载广播和其他控制措施来提高驾驶人注意力。

当路面能见度在100m以上时,这种情况属于轻雾,此时对公路交通安全行车影响不是很大,可以不用激活应急救援预案,但是要对进行安全间距和安全限速的控制。

通过对交通系统人、车、路及环境的分析,提出建立由信息采集系统、数据处理及控制系统、信息发布系统、行车诱导与消雾系统等四个子系统组成的高速公路雾区监控系统,并从组成、流程及预案三个方面介绍了应急救援系统,从而达到最大限度挽回经济损失、人员的伤亡和尽快恢复公路的通行能力保障高速公路的运营效益,对其他路段的车辆进行疏导,防止事故进一步恶化的目的。

7.3 基于精准气象的边坡动态监测系统

边坡崩塌是危害程度仅次于地震的地质灾害。其发生特点与地震相似,都具有突发性。发生地区主要分布在山岭地区。

我国地域宽广,幅员辽阔。山地占国土总面积的65%以上。滑坡崩塌在我国分布非常广泛,我国平均每年发生此类地质灾害2万余起、伤亡1千余人、受灾人口90多万,直接经济损失20亿~60亿元,严重危害到人们的生命和财产安全。而在当下,边坡安全监测缺乏系统的技术研究,管理手段不规范,监测技术落后,缺乏综合影响因素考量,导致人民群众生命财产的损失,造成恶劣的社会影响。高速公路边坡,尤以山区为代表的特殊地段,存在工程条件复杂、影响因素多、管养难度大的问题,一旦发生边坡变形破坏,会对公路运营管理造成巨大困扰和严重安全隐患,随时了解边坡状态,对突发事故进行提前预警,对边坡安全监测已迫在眉睫,刻不容缓。

近年来,随着传感器技术、计算机技术和通信技术的飞速发展,世界各国开始致力于构建基于物联网(传感网)技术的地质灾害远程自动化监测系统。该系统由现场布设的各类分布式传感器、数据采集发射设备、传感器数据通信网络和监控中心的数据处理软件构成,以实现对地质灾害的全面感知和可靠传输。目前,美国的滑坡实时监测系统采用地面倾斜仪、伸缩仪、地下水压力传感器、地声监测仪和雨量计等自动化监测设备进行实时监测;欧盟先后启动了基于传感器网络的滑坡实时监测计划,如WINSOCH和SLEWS项目;日本的滑坡传感网由雨量计、地面及地下的传感器和视频组成;韩国滑坡实时监测系统主要运用地面伸缩仪和倾斜仪组合传感器、地下水压力传感器和雨量计,实时掌握危险边坡的当前动态;我国相关部门与科研院校合作,在三峡库区、汶川灾区等地区也开展了滑坡灾害监测系统研发,重点解决现场传感器智能组网、智能传感器研制、基于3G的通信模块等核心技术。

当前,基于物联网技术的地质灾害远程监测系统主要还主要应用于国土、水利、矿山行业,在公路交通行业的工程实践还处于探索试验阶段。并且,在其他行业一些已较为广泛应用的远程监测设备也并不适用于公路边坡监测。例如,应用于库岸滑坡的全自动全站仪、应用于矿山边坡的微变形监测雷达、应用于大坝边坡的锚索测力计、应用于隧道桥梁的光纤光栅型变形监测设备都不适于呈点状分布、数量众多、规模较小、变形破坏模式多样的山区公路边坡。为此,亟须在借鉴国内外地质灾害监测先进技术和经验的基础上，针对公路高边坡自身特点，通过挑选经济合理的监测手段和监测设备，并与最新无线传输技术相结合，研发具有推广应用价值的高速公路高边坡自动化远程监测系统。

边坡动态监测系统，利用高精度、高可靠性的监测传感器，对边坡稳定性进行有效监控，监测数据反映导致边坡可能发生边坡失稳的因素，包括边坡表面位移、裂缝、降雨（雪）量等，确定监测预警阈值，并设计、规范提出的控制值，如变形量，变化速率，监测数据结合宏观变形破坏迹象进行综合判断，以确定边坡结构的安全性，监测支护结构的承载能力、运营状态和耐久性能等，以满足安全运营的要求。同时根据监测对象、监测目的，以需求和经济性为原则，避免浪费。

7.3.1　系统概述

基于精准气象的边坡动态监测系统主要使用北斗监测数据静态后处理算法，将气象预警预报和边坡监测相结合，建立边坡降雨量预警模型；结合高精度北斗位移监测，建立精准边坡灾害预警模型，及时有效反馈边坡安全状况，为实时安全监控提供数据支持和决策考量。在线监测系统拓扑图如图 7-9 所示。

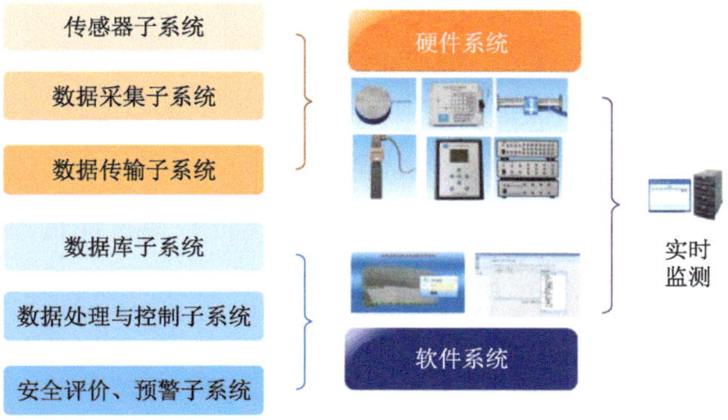

图 7-9　在线监测系统拓扑图

7.3.2　技术原理

GNSS 位移监测主要使用北斗监测数据静态后处理算法，结合降雨量监测、土壤含水率、拉线式位移传感器等监测数据，采用 24h 在线监测无线传输的方法，构成一套北斗系统边坡监测预警体系（图 7-10）。其关键在于建立适合当地条件的精准预警模型：一是利用精准的气象数据建立边坡降雨量预警模型；二是利用边坡传感器监测数据，结合边坡地质条件建立非线性预警模型。

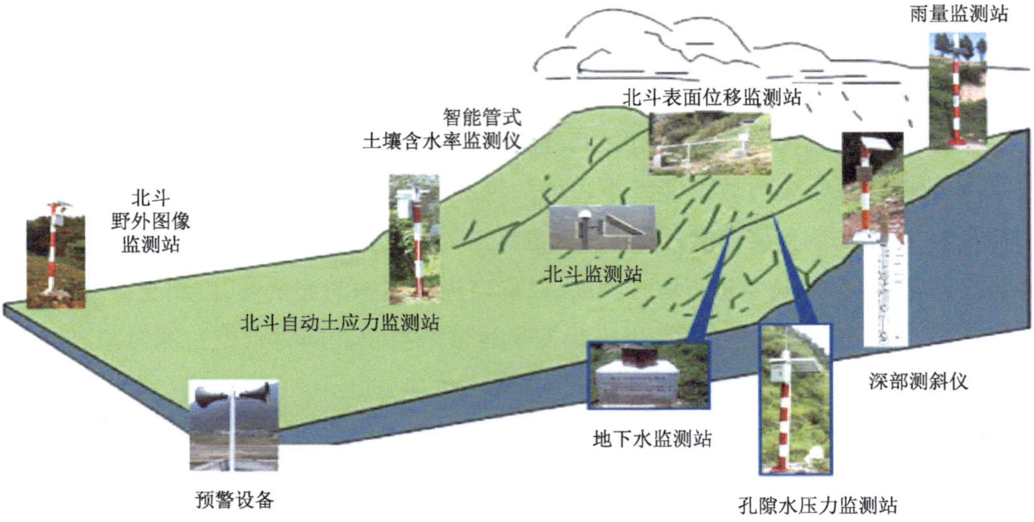

图 7-10　北斗系统边坡监测预警体系

7.3.3　系统总体介绍

公路边坡监测预警系统，是在物联网体系架构下打造的、集软硬件与应用服务为一体的信息化、智能化网络平台（体系框架如图 7-11 所示），用以提升管理部门应对公路边坡地质灾害的防范能力和管理水平。作为物联网技术在公共安全领域最早、最典型的应用，公路边坡监测预警系统具有以下技术优势：

（1）系统具有全面感知、实时采集功能。系统通过各类智能传感器及 ZigBee、工业现场总线等短距离无线/有线传输技术，随时随地感知公路边坡所处环境信息（如温度、湿度、降雨量、水位、外荷载、地应力等）、监测对象自身状态信息（如位移、应变、角度、应力、土压力、孔隙水压力等）。

（2）系统具有可靠传递、高效管理功能。系统借助现有的移动通信网、互联网及专用网络，将感知到的边坡岩土体及支挡结构相关信息实时、准确、安全地传递出去，存储于信息管理中心的云计算平台内，实现感知数据进行统一存储、查询和分析。

（3）系统具体智能分析、科学决策功能。系统利用岩土力学分析软件及云计算、模糊识别等智能计算技术，对感知和传输的数据进行分析和处理，识别潜在的公路边坡安全隐患，评估灾害发生的可能性，解决突发事件发生后各部门之间如何互联互通，为科学决策提供依据，最终实现智能化的管理、服务及应用。

利用地质灾害与岩土工程安全监测预警系统，公路管理部门可以在任何时间、任何地点，通过台式机、笔记本电脑或移动终端，即可了解管辖区域内边坡体当前状态及未来发展趋势，实现安全隐患的可靠预防、应急管理。

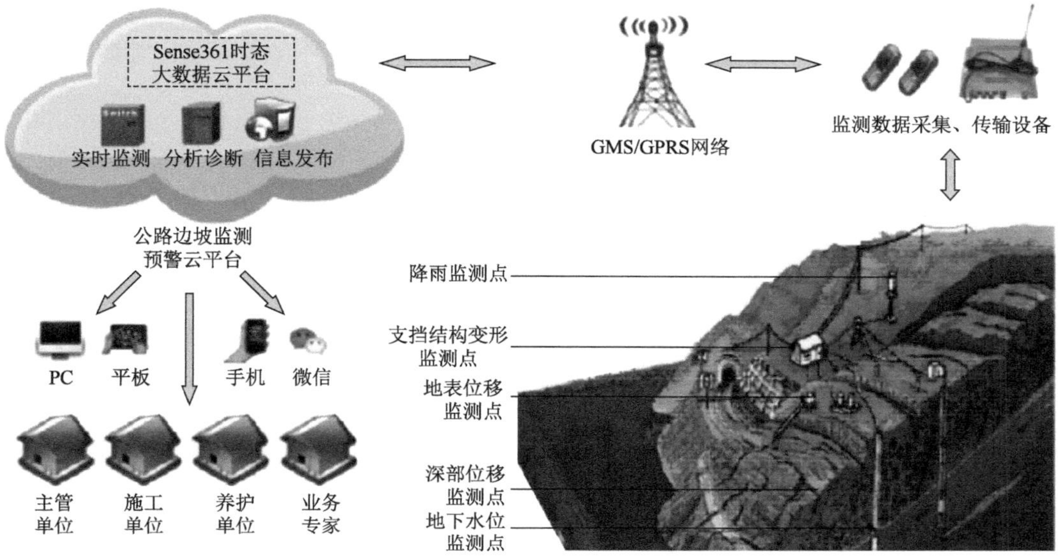

图 7-11 公路边坡监测预警系统体系框架

7.3.4 系统核心设备

1）涡卷弹簧式位移计

传统的滑坡坡面位移通常采用全站仪等监测技术，在恶劣气候、复杂地形及植被茂盛等环境下，难以准确测量。为此，系统采用自主研发的全天候坡面位移实时测量设备——涡卷弹簧式位移计。该设备在滑坡体坡面不同位置布设测点，在滑坡体外布设固定测点，并用柔性钢线两两连接，因而不受外部环境条件的影响。当测点间发生相对位移时，两点间的相对位移量转换为滑轮的角位移量，并被角位移传感器所记录。该装置具有精度高、受地形通视和气候条件影响小的特点。

2）深部岩土变形测量仪

深部位移监测借助深入岩土层内部的变形观测设备，通过测量岩土层不同深度地层的水平位移量、水平位移方向和变形速率，对岩土层的当前变形状态、未来发展趋势进行识别和判定。最常用的深部位移监测设备是移动式钻孔测斜仪需要测量人员现场采集数据，不能实施自动化遥测，实效性差，并且只适用于岩土层的早期变形监测，无法适应中后期钻孔局部大变形时的测量要求。

系统采用自主研发的新一代深部位移监测系统——基于 MEMS 阵列的深部位移监测系统(图 7-12)。系统集成移动式钻孔测斜仪、固定式钻孔测斜仪、MEMS 阵列式位移计的优点,引入先进的双轴 MEMS 加速度传感器阵列技术,不仅能够满足边坡不同变形破坏阶段深部位移监测的需要,而且具有低成本、高精度和自动化等诸多优点(图 7-13)。

a)MEMS传感器　　b)测量单元　　c)原理效果图

图 7-12　基于 MEMS 阵列的深部位移监测系统

3)高挡墙倾斜测量仪

系统采用新型 MEMS 传感技术,自主研发高精度、低成本、易安装、可重复使用的高挡墙自动化变形监测系统。系统具有如下功能:将自主研发的结构微变形倾角测量仪快速布设于高挡墙墙体外表面,组装形成网格型传感阵列,通过实时测量高挡墙不同区域结构单元微小倾斜角度变化,实现高挡墙水平方向倾斜位移和垂直方向沉降位移的自动化监测(图 7-14);采用自主研发的 Zigbee + GPRS 集成模块,实现长距离高挡墙传感阵列监测数据的无线汇聚和海量远传;将自主开发的高挡墙监测数据接收管理平台部署于云端服务器,实现监测数据的在线接收、高效存储、智能分析与异常报警。

图 7-13　深部岩土变形测量仪现场安装实物图

图 7-14　挡土墙倾侧测量仪现场安装实物图

7.3.5　软件技术与分析方法

1)基于 Sense361 的监测预警云平台

系统采用 SAAS 云服务模式,是对公路病害边坡提供安全评估服务的大型智能化软件云平台。平台仿照现实医院的组织结构与运行模式,组建了服务病害边坡的虚拟科室,采用具有自主知识产权的 Sense361 时态大数据云平台,同时配备先进的力学分析模型、算法和工具,将岩土专家、设备制造商、施工方、养护方、管理部门以医院员工身份多租户的管理方式有机组织起来,采用综合考虑边坡静态体质数据、动态体征数据与力学演化机理的地质灾害诊断方法(Geological Disaster Diagnosis Method,GMD),科学、高效地完成病害边坡的监测、预警及风险评估业务。

公路边坡监测预警智能化云平台不单是物联网技术在公路边坡行业的应用,而是创新性地对物联网基本特征——智能处理进行了诠释与践行。集中体现在以下 4 个方面:

(1)科室制的管理模式。云平台通过护理科、监测科、诊断科、外联科、后勤科、院长办公室等 6 个虚拟科室,有机分解边坡安全评估业务。

(2)员工制的服务模式。云平台设置了各级员工岗位,制定岗位职责,聘请岩土专家、设备管理员、数据管理员与平台管理员担任“边坡医院”的各级医护员工,确保安全评估服务质量的专业性。

(3)病历制的诊断式。云平台自病害边坡入院起即为边坡建立“病历档案”,采用文字、图表形式,完整记录边坡“就诊期间”搜集的边坡各类体质、体征基础数据,以及“医护人员”对边坡病情的分析、诊断活动,并以体质检查报告、监测实施方案、设备竣工报告、设备定期维护报告、日报、旬报、月报、年报等报告方式存档发布,确保安全评估服务成果的科学性。

(4)专属制的展现模式。云平台为每个病害边坡及其隶属管理单位都建立了专属探视室和探视大厅,内放病害边坡的所有基础资料及不同时间节点的安全评估报告。病害边坡管理人员通过计算机、手机、平板等终端设备,可以随时随地访问探视室和探视大厅,了解病害边坡各项安全指标,最大限度地发挥安全评估服务的效果。

2)基于 GMD 的边坡安全风险综合评估方法

系统采用综合考虑边坡静态体质数据、动态体征数据与力学演化机理的 GMD 评估方法进行公路边坡预警分析(图 7-15)。该方法采用自主研发的滑坡预警模型和力学分析软件，在查明公路边坡地质结构特征、物理力学参数和变形破坏机理的基础上，建立其数值分析模型，进行形变-应力场的分析，通过现场动态监测数据和数值模拟结果比对分析，建立边坡体观测物理量和其内部破坏状态之间的联系，在线分析边坡体当前破坏状态，预测边坡体在外动力因素变化条件下的发展趋势，实现边坡灾害全过程模拟与预测预警。

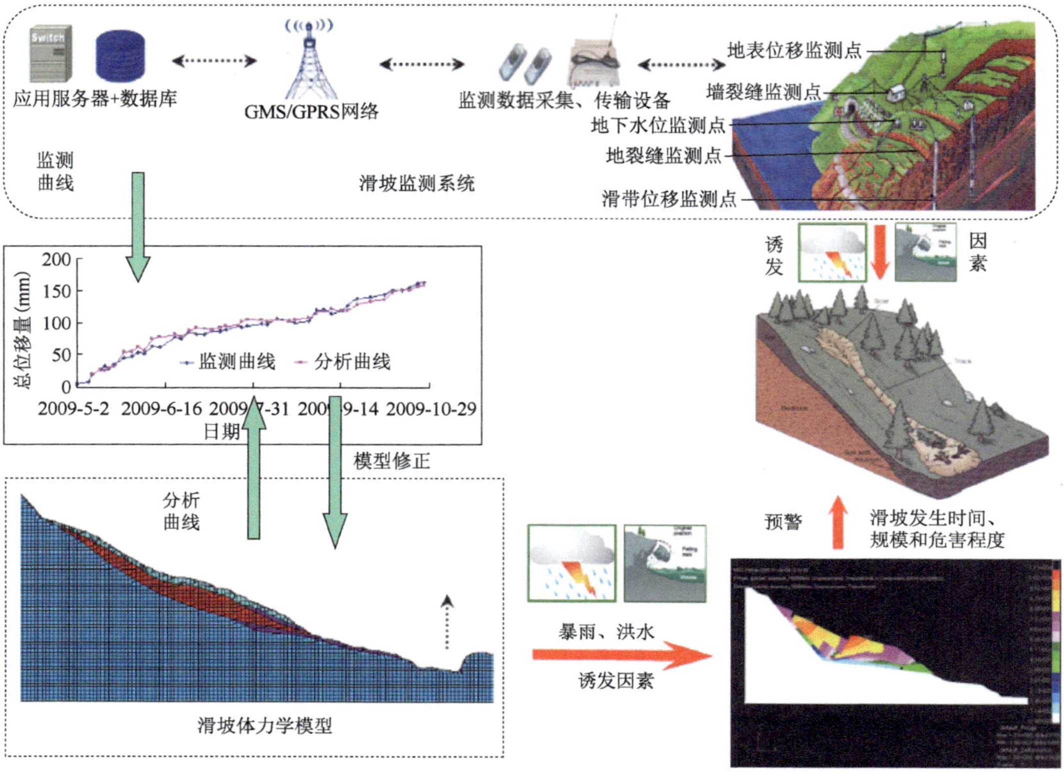

图 7-15　基于 GMD 的边坡安全风险综合评估方法工作流程图

7.4　基于精准气象的桥梁动态监测系统

桥梁建成后随着运营时间的推移，各构件可能会受到各种损伤，相应桥梁的刚度和承载能力会出现不同程度的衰减，如果能够预先警告这些损伤和内力状态的改变，并且及时进行适当的调整、维护、维修，就不会危及桥梁结构的运营安全，否则将可能导致灾难性事故。我国桥梁安全事故时有发生，如 1999 年重庆綦江彩虹桥垮塌、2000 年台湾高屏大桥突然拦腰断裂、2001 年四川宜宾南门大桥垮塌、2004 年盘锦田庄台大桥垮塌、2005 年抚顺南杂木大桥三孔坍塌、2014 年江苏丹阳庭河桥倒塌时。这些重大安全事故给国家的经济财产和人民的生命安全带来了不可估量的损失。对于桥梁常规的人工检查获取的数据缺乏连续性和实时性,往往不能及时发现病害,难以有效保障桥梁安全。

7.4.1　系统概述

桥梁动态监测系统主要是对桥梁结构安全性能指标进行监测,通过在桥梁结构上布设各种传感器、采集设备和传输设备,对桥梁的荷载作用、环境作用以及结构响应等进行长期自动测量,通过有线或无线通信技术将测量数据传输至云平台,为客户提供桥梁结构远程监测、在线预警、状态评估和决策辅助等服务。通过监测数据分析,对桥梁状态进行评估,掌握桥梁长期性能变化,及早发现结构安全隐患,及时向管理部门发出预警通知,辅助检查人员分析桥梁的结构健康状态,评估结构的可靠性,并针对性地进行隐患排查,辅助管理部门制定合理、主动、预防性的养护与管理措施,有效降低大桥的运营养护成本,延长桥梁的使用年限。桥梁动态监测系统构架如图 7-16 所示。

图 7-16　桥梁动态监测系统构架

7.4.2 技术原理

通过安装应变计、静力水准仪等采集设备监测数据，对桥梁状态进行评估，如主梁挠度监测，结构应力监测，结构温度监测等。主梁线形是反映大桥安全状态及进行内力状态评估分析的重要参数，所以主梁挠度是结构安全预警的重要指标。通过结构应力监测，能反映结构的最不利受力情况。结构温度监测，可知温度变化在某些情况下会在主梁产生不可忽视的内力作用。采集设备安装示意图见图7-17。掌握桥梁长期性能变化，及早发现结构安全隐患，及时向管理部门发出预警通知，评估结构的可靠性，并有针对性地进行隐患排查，辅助管理部门制定合理、主动、预防性的养护与管理措施，有效降低大桥的运营养护成本，延长桥梁的使用年限。

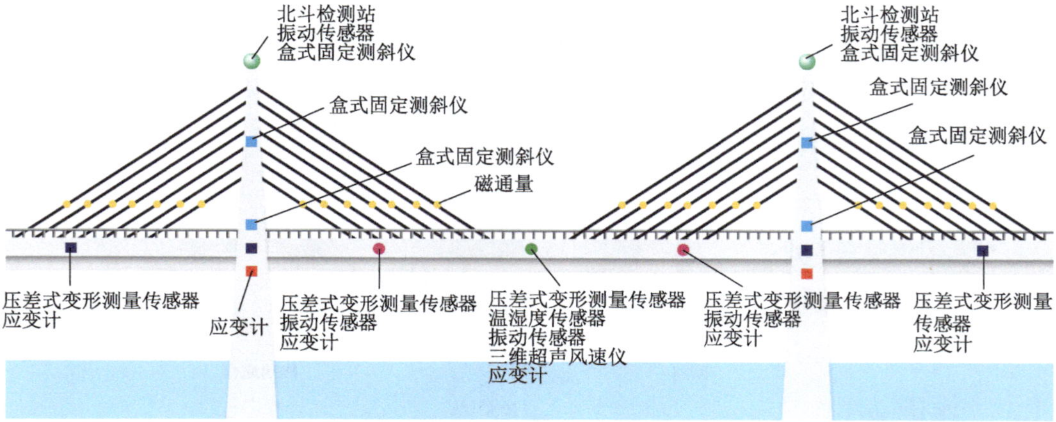

图7-17 采集设备安装示意图

7.4.3 系统结构设计与数据库平台开发

1）系统总体结构设计

桥梁安全性能动态监测与分析系统以桥梁管理系统为基础开发平台，添加桥梁远程动态监测数据采集系统和基于监测数据的桥梁综合评估分析系统两个核心模块。

监测数据采集子系统主要包括监测数据动态采集模块和远程数据采集传输模块，其中监测数据采集体系中主要解决的关键问题是结构静力参数和监测仪器的选用，传感器的优化研究。桥梁综合评估分析子系统以原有桥梁管理系统的桥梁缺损状况评估模块为基础，添加了基于桥梁监测数据的评估模型，并包括了结合桥梁缺损状态和动态监测状态两者的综合状态评估模块。在监测评估模块中主要解决的关键问题是结构参数识别和结构动态监测评估理论两方面。系统核心模块结构如图7-18所示。

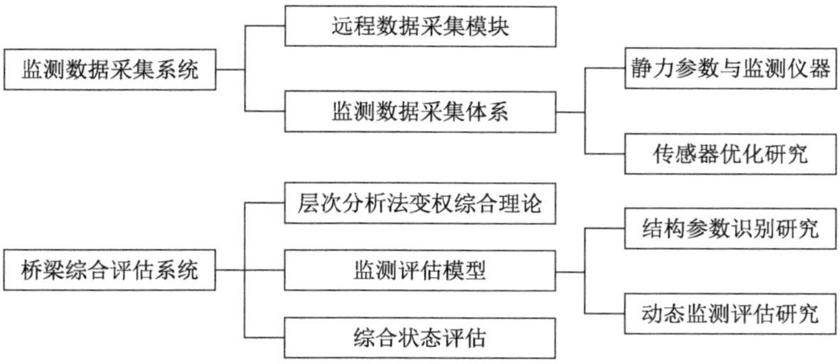

图 7-18　系统核心模块结构示意图

2)数据库平台设计与开发

系统的基础平台是基于动态监测数据的管理信息数据库。数据库系统的开发一般需要经过服务网络结构设计、数据库设计、用户界面设计三个步骤。其中数据库设计是数据库系统开发的核心内容。

服务网络结构设计是为数据库管理系统建立适用的网络平台。考虑到桥梁管理系统数据库的管理者和使用者相同,管理者需要经常维护数据库;桥梁管理者所处地域范围有限,参与管理用户较少;同时考虑平台搭建方便、开发经费较少、网络技术成熟等因素,系统采用客户端/服务器结构(简称 C/S 结构)。数据库系统,设计过程一般分为需求分析、逻辑设计、物理设计和物理实现四个阶段。桥梁管理部门一般使用中型数据库,考虑与操作系统和其他应用软件兼容性能,功能可靠性和价格因素,采用微软公司的 SQL Server2000 软件。图 7-19 为桥梁应变、挠度监测数据存储表关系与数据库软件示意图。

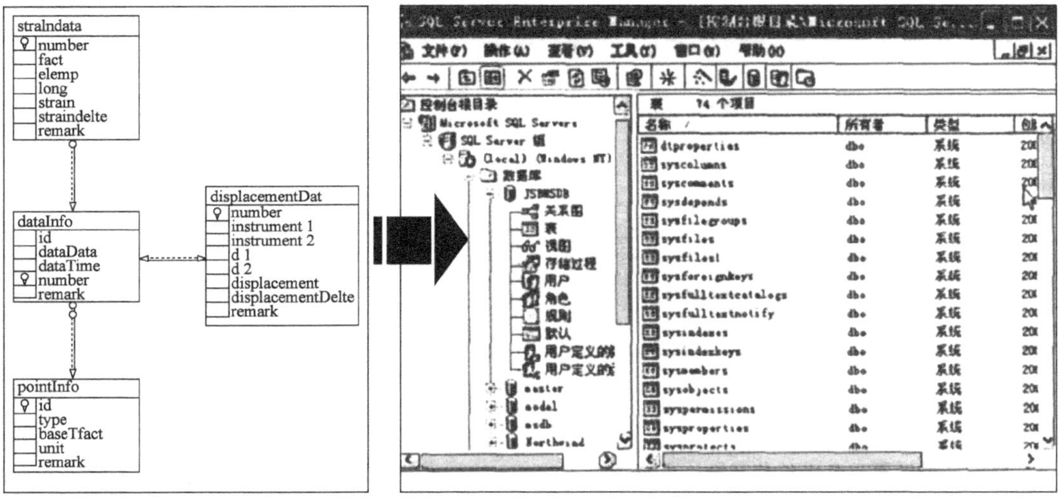

图 7-19　桥梁应变、挠度监测数据存储表关系与数据库应用软件示意图

7.4.4 系统组成特点

1)监测参数与监测系统

桥梁检测参数指标有动力参数指标和静力参数指标,对中小桥梁的远程动态监测,以使用最少的监测参数和监测成本为宜,静力参数指标比较合适。而且,桥梁结构的静力参数指标测量要比结构"动力指纹"的提取更直接,并且在测量精度上前者优于后者。桥梁结构的挠度和应变是反映桥梁安全性的重要指标。桥梁挠度监测主要是测量活荷载引起结构的变化,应变监测反映了桥梁结构在荷载作用下构件的局部受力状况。

中小桥梁安全性能动态监测系统采取静力参数采集,监测内容由挠度监测和应变监测组成。由于远程监测桥梁的往往远离桥梁管理者,采集与传输的工作环境比较恶劣,考虑数据的传输和费用等因素,监测仪器必须具有稳定性、可采集性和经济性的特点。

应变监测仪器采用振弦式应变计,振弦式仪器从20世纪70年代起就广泛应用于结构工程的监测中,具有体积小、稳定性好、分辨率高、抗干扰能力强及远距离传输误差小等优点。已建桥梁表面应变的监测采用表面式振弦应变计,该仪器的长度是150mm,量程3000με,灵敏度是1με。表面式振弦应变计外观图及安装如图7-20所示。

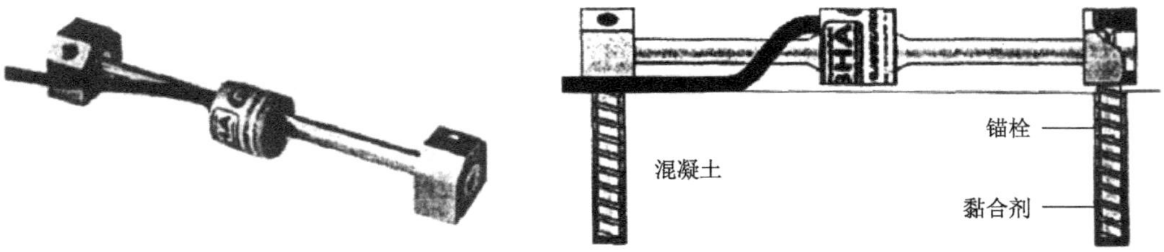

图7-20 表面式振弦应变计外观图及安装示意图

挠度监测仪器采用电容式静力水准仪,由于挠度监控所需位移计要求测量梁体与大地之间的相对位移,一般位移传感器无法测量。为了可靠精确地测量高差变化,采用液体静力水准测量是比较理想的选择,测量精度可以达到10μm。

2)监测数据采集与无线传输体系

桥梁监测数据采集与无线传输体系包括从传感器接受信息开始到将处理后的数据存入桥梁信息数据库的全部过程。监测数据采集体系包括传感器、放大器系统,数据采集系统,无线传输系统,传输数据处理存储系统四个部分。桥梁监测数据采集传输体系结构如图 7-21 所示。

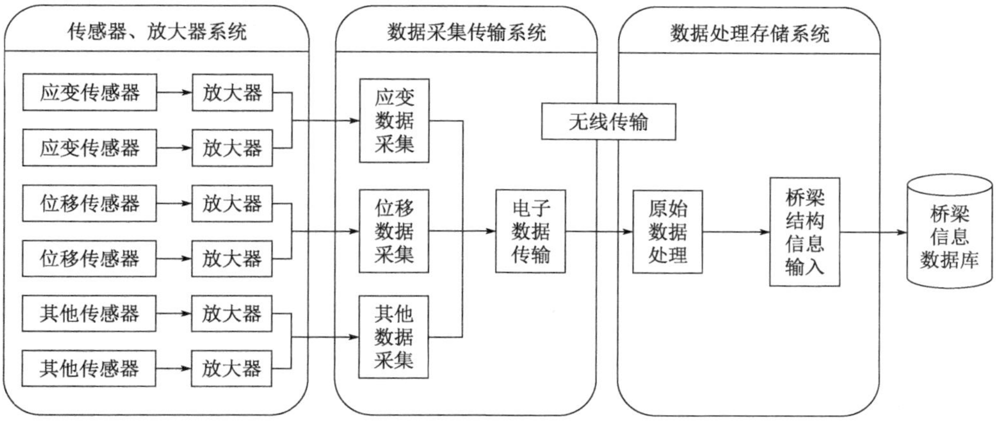

图 7-21　桥梁监测数据采集运输体系结构示意图

桥梁管理系统中的数据采集传输系统其数据采集地点与管理服务器所在地点相距较远,数据采集受到数据传输量的限制,往往是采集仪进行定时或遥控自动采集数据。采集仪将经过传感器变换、放大器放大之后的信号进行记录,所得数据临时存储至采集仪的存储器中。数据传输系统通过通信协议和网络将数据传回管理者所在本地计算机,也可以直接由管理者定时现场接收。系统可以将原始数据进行处理,得到管理者关心的监测数据,并存储至桥梁管理数据库中。

3) 传感器优化配置

由于经济和结构运行状态等方面的原因,在中小桥梁所有自由度上安置传感器是不经济、不现实的。传感器优化配置的目的是依据有限的传感器来获取最可靠而最全面的桥梁安全性能的信息。具体桥梁所要解决的就是在 n 个自由度上如何布置 $m(m<n)$ 个传感器的优化问题。

进行传感器的优化配置,首先要确定优化配置准则,也即优化的目标函数,目前常用的优化设计准则有:识别误差最小准则、模型缩减准则、插值拟合准则、模态应变能准则等,对中小桥梁的静力参数进行优化,宜采用识别误差最小准则。其次,须选用适当的优化计算方法,目前应用广泛的计算方法有非线性规划优化方法、序列法、推断算法、随机类方法以及遗传算法。

中小桥梁安全性能动态监测系统研究了梁式桥与拱式桥的监测传感器优化配置问题,对梁底及拱肋上的应变传感器优化布置进行了研究。一般情况下,对简支梁桥布置应变传感器时，除在跨中等控制截面布置传感器外，其余应变传感器应均匀布置，这样就能确保由于应变传感器的误差引起的控制截面挠度传递误差最小。

7.4.5 结构安全性能评估

1）安全性能评估模型

桥梁结构评估的目的主要包括：评定结构现有的实际承载能力，即可以承受的最大荷载等级；评定结构在现时的运行荷载作用下的工作性能状况。

对已建桥梁首先进行传感器优化配置，安装远程动态数据监测采集传输系统；对中小桥梁建立有限元初始模型，并进一步通过荷载试验进行结构参数识别，对结构模型修正，得到近似真实的结构有限元模型；在这个有限元模型的基础上进行桥梁承载能力评估、荷载水平评估以及桥梁安全性能综合评估。

桥梁安全性能综合评估包括确定桥梁缺损状况、桥梁动态监测数据的指标底层评语及权重，基于桥梁动态监测数据的评估，结合层次分析法、变权综合理论进行桥梁综合安全性能评估。这种评估方法结合了桥梁损伤状况评估和桥梁动态监测数据评估两者的优点，既充分考虑了桥梁损伤状况对结构的影响，又通过动态监测数据反映了桥梁实际工作状态，大大降低了评估的主观影响因素。桥梁结构安全性能评估模型流程如图7-22所示。

2）结构参数识别

系统结构有限元模型采用基于静态应变和静态位移测量的结构参数识别法进行修正，即通过结构静载试验，将测量所得的关键部位的位移、应变与相应的模型计算结果进行综合比较，以测试结果为基准，由灵敏度分析及约束优化来不断修正结构的刚度参数。当计算值与相应的测试值达到最大限度吻合时，即认为该组参数是结构当前的参数。

基于静态应变及位移测量的结构参数识别技术是一种高效、可靠的桥梁监测评估手段。中小桥梁可以采用简单的结构参数识别计算方法—参数的优化估计方法，即通过参数的调整令结构静态残差列向量的某种范数最小来实现。

求参数识别的目标函数最优解，是一个非线性最小二乘问题，可以利用Gauss-Newton算法把其逐次化为一系列线性最小二乘问题来迭代求解。在结构参数识别过程中，待识别参数的初值取为原设计值或上一次结构检测识别的结果，可以得到比较精确的识别结果。

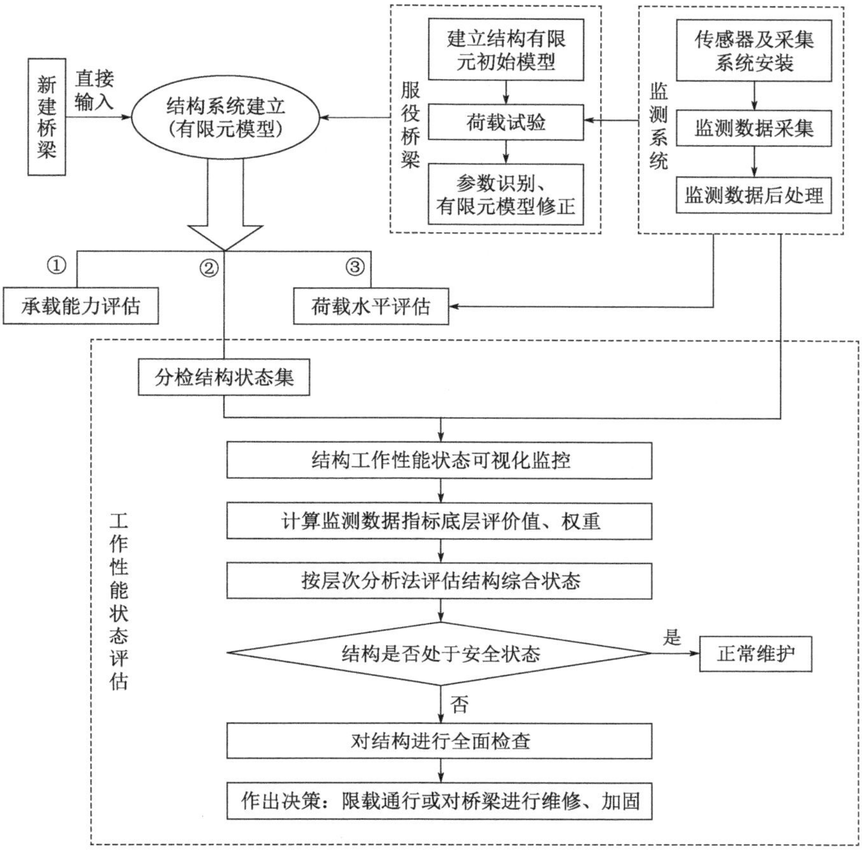

图 7-22　桥梁结构安全性能评估模型流程示意图

初值的选取是 Gauss-Newton 法收敛性的关键，如果无法得到结构的初始近似值，可能会因为待识别参数的初始值取值不当而使得识别结果失真。Leven-berg-Marquardt 算法对 Gauss-Newton 方法在迭代矩阵奇异时进行了修正，即在迭代矩阵中添加一个阻尼项，它是一种无条件约束优化方法，它克服了 G-N 方法的不能有效处理奇异和非正定矩阵及对初始点要求比较苛刻的缺点。在系统中结合应用两种算法，可以得到使结构识别范围更广，修正模型更加精确。

3）层次分析法与变权综合理论

层次分析法（简称 AHP）是多指标综合评价的一种定量方法。它把定性因素定量化，并在一定程度上检验和减少主观影响。它可以把复杂问题中各种因素通过划分相互联系的有序层次使之条理化，并根据对一定客观现实的判断就每一层次的相对重要性给予定量表示，利用数学方法确定表达每一层次的全部元素相对重要性次序的权值，最后通过排序结果分析、解决问题。

使用层次分析法解决复杂问题的一般过程是分解→判断→综合。对桥梁结构工作状态建立了评价系统指标体系并确定各层次指标权重(分解)后,确定底层评价指标评语(判断),然后便需进行总体指标的评估(综合)。

应用常权综合方法时,同一层次指标的权重在评估过程中不作改变。但在某些情况下,常权综合方法存在很大的局限性,因为评价指标众多,其中一个指标的评语发生重大变化时往往不能在常权综合评估结果中明显地表现出来,从而可能引起对实际问题的忽视或是造成评估结果的不准确。因此,系统使用适用性更广泛、更为客观的变权综合方法。变权综合方法中,指标的权重不仅与结构初始权重有关,而且与各指标的评分相关,变权综合方法可以较全面地反映结构各部分状态的均衡性和重要性。

CHAPTER EIGHT

第8章

技术应用与案例分析

8.1 胶州湾跨海大桥气象大数据技术应用案例分析

恶劣天气对公路交通运营安全影响极大，精准预报能够很大程度上减小恶劣天气对公路交通安全运营的影响。本节以胶州湾跨海大桥为例，介绍了气象大数据技术的应用情况。胶州湾跨海大桥通车里程 36.48km，为连接青岛东西海岸和红岛的交通枢纽，日均通行量 3 万多辆次。但是由于胶州湾跨海大桥所处环境特殊，常年湿度大，盐雾浓度高，温差大，在台风频发季节受台风影响显著，恶劣天气对大桥的正常运营影响尤为明显。气象大数据技术在胶州湾跨海大桥的应用，在减小恶劣天气对公路交通安全运营造成的损失方面效果显著。

8.1.1 气象大数据信息技术应用背景

针对胶州湾跨海大桥所处的特殊地理位置和天气环境，在大桥建设期间，已配备了现代化的监控系统，用于对桥上的气象和交通情况进行实时监控。其中，气象监测子系统通过设置在大桥上的 1 台气象检测器、2 台能见度检测器以及 6 台非接触式路面状态检测器，对全部桥梁路段的气象信息进行自动检测。此外，路段上还安装了 60 台遥控摄像机和 30 台事件监测摄像机，可实现大桥全路段的电子巡查和自动事件检测报警。监控系统的核心部分即位于红岛的监控调度指挥中心，对各类气象和交通信息进行汇总分析和深度处理，将预警预报信息通过信息发布系统发布出去，为驾驶人员提供及时引导服务。该监控系统虽然可以满足胶州湾跨海大桥日常基本调度指挥职能，但是由于胶州湾跨海大桥长度过大，两侧连接城市，中间建设有航道桥，存在一定的坡度，受海风影响，局部微气象多变，仅靠 1 台气象检测器无法实现小粒度的全面监测。为防止微气象对胶州湾跨海大桥局部区域造成行车安全隐患，需要对桥梁进行高密度、高切片的气象监测。

气象大数据信息技术是在原有监控系统基础上的升级优化，是公路交通安全运营整体框架下的重要组成部分，包括气象信息精确监测及预警预报系统和雾区防撞诱导系统，适用于胶州湾跨海大桥的特殊场景。

8.1.2 气象信息精确监测及预警预报系统

目前的胶州湾跨海大桥综合天气预报平台，依托中国气象局“风云三号”卫星数据，并通过云平台大数据的运算处理，可以生成胶州湾跨海大桥区域精准的实时气象数据，达到分钟级气象预警目标。与此同时，还将实时的气象数据图形化，解析加工为逐公里格距分辨率的预报云图，对局部路段进行精准展示，从而实现公里级预报。实时监测和预报的内容包括能见度、强降雨、雷暴、大风、冰雹等。预报信息会通过短信、手机软件、网页页面等形式发送到胶州湾跨海大桥管理养护人员。此外，搭建的综合物联网预警平台，将原有的路面气象采集系统重新整合、模块优化，在气象大数据技术的基础上，建成胶州湾跨海大桥综合天气预警预报平台。大数据气象系统整体构架如图 8-1 所示。

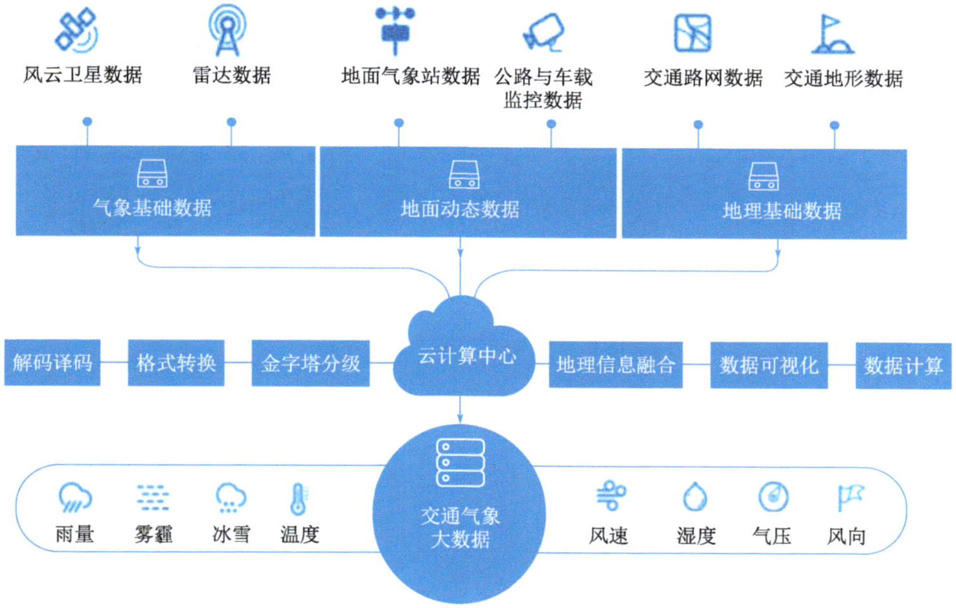

图 8-1　大数据气象系统整体构架

8.1.3　雾区防撞诱导系统

通过统计分析，在所有恶劣天气中，大雾对胶州湾跨海大桥交通安全运营造成的影响最大。在大雾天气条件下，通常只能对胶州湾跨海大桥进行封闭或者限行处理，以保障大桥交通安全运营。在项目的各项技术中，雾区防撞诱导系统是重要组成部分之一。雾区防撞诱导系统增加雾灯自动开启调节功能、自动语音广播功能、信息标志自动修改发布功能等，在声光电的组合下，有效引导驾驶人员"减速控距"，为胶州湾跨海大桥的管理部门在应对大雾天气大桥管理措施上提供补充。雾区防撞诱导系统构架如图 8-2 所示。

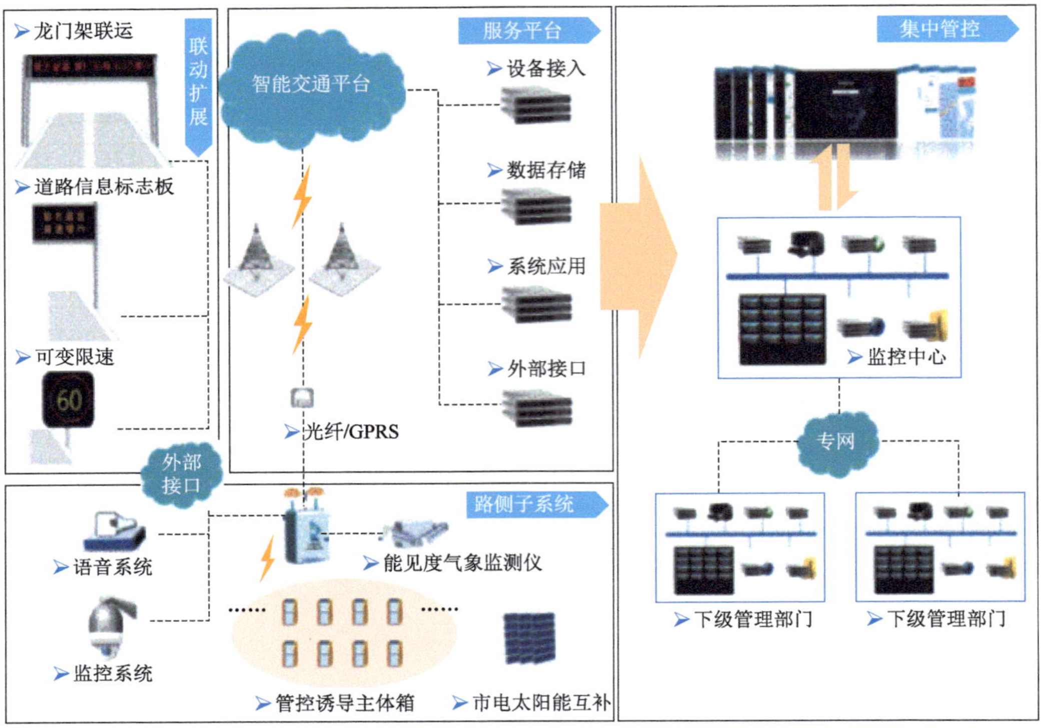

图 8-2　雾区防撞诱导系统构架

8.2　其他典型案例简介

8.2.1　气象预警预报系统案例

2016 年 1 月,道路凝冰预警与自动化喷洒系统在昆石高速公路三家村特大桥和阳宗二号桥推广应用。机房与控制柜如图 8-3 所示,喷洒效果如图 8-4 所示。该项目的实施为道路抗凝冰成套技术的后续开发和研究积累了大量经验。

2016 年 1 月,早期凝冰预警处置系统在贵州夏蓉高速公路毕节段谢立大山隧道进口段推广应用。中央电视台《新闻联播》和《新闻直播间》等主流媒体对该技术的应用实施效果进行了跟踪报道。机房与控制柜如图 8-5 所示,喷洒效果如图 8-6 所示。

2016 年 12 月,道路凝冰预警与自动化喷洒系统在 G56 景婺黄高速公路赢川特大桥推广应用。机房及喷洒终端如图 8-7 所示,预警信息采集设备如图 8-8 所示。

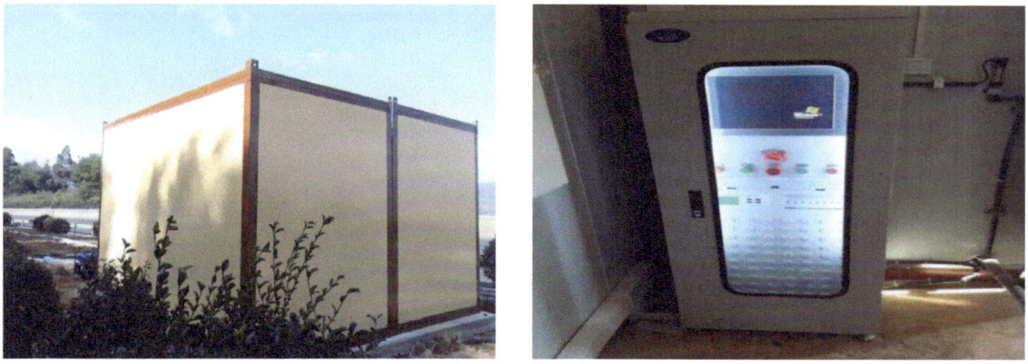

图 8-3　机房与控制柜（一）

图 8-4　喷洒效果

图 8-5　机房与控制柜（二）

2018 年初，齐鲁交通发展集团有限公司上线了公路交通气象预警预报系统。该系统在当年冬季的除冰保畅工作中起到了重要作用，系统所覆盖的易凝冰路段交通安全事故发生由去年的 5 起减少至 0 起，由道路结冰引起的公路交通安全事故显著减少。

2018 年 4 月，道路凝冰预警与自动化喷洒系统在 G22 青兰高速公路马站河大桥、K174 + 500 ~ K175 + 200 长纵坡和 G25 青临高速公路穆棱关隧道等易凝冰路段推广应用。

图 8-6　喷洒效果

图 8-7　机房及喷洒终端

图 8-8　预警信息采集设备

2019 年 2 月 15 日,《山东新闻》对青临高速公路道路凝冰预警与自动化喷洒系统应用效果进行了跟踪报道(图 8-9 ~ 图 8-11)。同时,该项目列为交通运输部科学研究院重点科技成果推广应用项目。

图 8-9　设备机房和储液罐

图 8-10　喷洒终端

图 8-11　喷洒效果

8.2.2　崩塌灾害监测成功预警案例

2018 年 2 月 19 日，由于连日暴雨，G108 国道 K1393 + 310 ~ K1393 + 600 处发生边坡坍方，周边山体地表沉降达 43cm，坍方量达 3 万余立方米，造成该路段完全中断。这是一起典型的由气象灾害引起的交通安全事件。长安大学李家春教授及其团队根据坍塌灾害监测系统数据分析，提前5天向该路段的公路交通管理部门发出红色预警，陕西省公路局、西安市公路局等相关责任单位按照红色预警公路交通应急预案，紧急调配、统一部署，实地踏勘、排查险情，在塌方前紧急封闭该路段交通，有序调配保通机械设备，分流社会车辆，合理避让，避免了重大交通事故的发生和人员伤亡，最大限度降低了本次地质灾害造成的经济损失和社会影响。事后，坍塌灾害监测系统的应用得到各级政府的认可和社会各界的好评。

测点位置及现场塌方分别如图8-12、图8-13所示。

图8-12　测点位置

图8-13　现场坍方

参考文献

[1] 党俊肖，武丽梅，马金辉．基于 GIS 的移动通信信号传播预测及可视化仿真研究［J］．无线通信技术，2015，24(4)：1-6，12．

[2] 谢清霞，唐延婧，庞庆兵，等．贵州辐射雾的时空变化特征及其气象要素分析［J］．气象与环境科学，2016，39(2)：119-125．

[3] 冯雪元．GSM、TD-SCDMA 与 TD-LTE 传播模型校正与应用研究［D］．上海：上海交通大学，2015．

[4] 宋平兴．智慧未来高速公路综合管理解决方案［J］．山西建筑，2017，43(5)：238-239．

[5] 闵爱莲，刘磊，张天风，等．MODIS 和 HJ-1B 资料在江苏大雾监测中的应用［J］．气象与环境科学，2017，40(1)：102-107．

[6] 梁仁鸿，闫超，贾皓，等．我国智慧公路发展存在的问题及对策建议［J］．交通世界，2017(28)：8-10．

[7] 邓仁杰，王少飞，谯志．智慧高速公路服务区总体构思［J］．公路，2017，62(11)：140-145．

[8] 丁军，俞俊平，王吉庆．多角度监控技术构建高速公路智慧监控系统［J］．公路交通科技(应用技术版)，2017，13(11)：277-279．

[9] 崔新强，唐俊，付佳，等．湖北省级气象服务一体化业务平台开发与应用［J］．计算机应用与软件，2017，34(11)：130-135，161．

[10] 沈萍月，李建，潘娅英，等．高速公路气象服务技术及应用［J］．气象科技，2014，42(6)：1159-1162．

[11] 翟雅静，李兴华．灾害性天气影响下的公路交通气象服务进展研究［J］．灾害学，

2015,30(2):144-147,178.

[12] 刘晓磊,胡斌,余世同.公路交通气象监测系统组成与应用[J].气象水文海洋仪器,2015,32(1):89-91.

[13] 狄靖月,王志,田华,等.降水引发的西南地区公路损毁风险预报方法[J].应用气象学报,2015,26(3):268-279.

[14] 赵金霞,范苏丹,朱晓晶.微波辐射计资料在大雾预报预警中的应用[J].沙漠与绿洲气象,2015,9(3):31-35.

[15] 唐延婧,宋丹,柳艳香,等.贵州高速公路交通气象监测系统的初步应用研究[J].交通运输工程与信息学报,2015,13(3):39-47.

[16] 王红丽,黄建菲,尚媛媛.贵州省公路交通气象服务分析评估[J].气象科技进展,2015,5(4):57-61.

[17] 谢清霞,唐延婧,庞庆兵,等.贵州辐射雾的时空变化特征及其气象要素的分析[J].气象与环境科学,2016,39(2):7.

[18] 王若霞,陈卓.智慧高速公路系统建设探究[J].中国交通信息化,2013(S1):33-35.

[19] 吴彦,陈春艳,路光辉.沿天山高速公路冰雪灾害分析及其对交通安全的影响[J].沙漠与绿洲气象,2013,7(5):66-70.

[20] 崔雪薇.智慧高速 驭风前行:智慧高速公路建设与发展聚焦[J].中国交通信息化,2017(12):22-27.

[21] 杨昱,郝立生,孙玫玲,等.天津市公路交通气象灾害风险监测预警系统分析[J].通讯世界,2018(1):280-282.

[22] 李志梅.灾害性天气影响下的公路交通气象服务进展研究[J].南方农机,2018,49(4):203.

[23] 吴阳军.公路交通气象服务一体化[J].中国公路,2018(7):48-49.

[24] 田华,王志,戴至修,等.公路积水阻断与降雨关系的探讨[J].气象,2018,44(5):684-691.

[25] 马文艳,刘利文.高速公路智慧运维系统应用[J].中国交通信息化,2018(5):102-104.

[26] 丰德恩,唐卫,柳艳香,等.中国高速公路交通气象灾害风险预警业务系统设计与应用[J].气象科技,2018,46(4):822-828.

[27] 王东平.智慧的公路营运[J].中国公路,2018(14):46-47.

[28] 骆鉴湖.智慧管理运营高速公路[J].中国公路,2018(14):47.

[29] 涂平平,姚仕伟,韩晖.基于 GPS 和 4G 的移动公路交通气象监测系统[J].公路交通科技(应用技术版),2018,14(9):328-330.

[30] 曾颖婷,郭伟,刘京雄.基于 Webgis 技术的精细化高速公路气象服务系统[J].气象与环境科学,2018,41(3):132-137.

[31] 刘金华.灾害性天气影响下的公路交通气象服务分析[J].农业与技术,2018,38(16):242.

[32] 索朗白玛,拉巴卓玛,尼琼,等.西藏公路交通气象灾害风险普查结果分析[J].西藏科技,2018(10):64-66.

[33] 胡晓.智慧高速公路管理平台建设思考:以浙江省建设智慧高速公路为例[J].科技与创新,2018(22):114-115,118-119.

[34] 田华,吴昊,杨静,等.公路交通气象服务需求分析[J].气象与环境科学,2018,41(4):70-76.

[35] 龚杰.融入智慧行业的专业气象服务平台应用研究[J].气象科技进展,2018,8(6):56-57.

[36] 元中华.浅谈智慧公路 建设智慧路网[J].科技经济导刊,2019,27(2):33-34.

[37] 王维敏,孟雪.智慧公路基础设施综合管理信息系统设计[J].公路交通科技(应用技术版),2019,15(1):294-295.

[38] 卢杰,赵艺,周正斌,等.智慧气象在崇州市专业气象服务的需求分析[J].青海气象,2019(1):75-78.

[39] 杨凯瑞,赵雪淳,蔡龙珠,等.河南省智慧交通发展的现状、困境及对策研究[J].创新科技,2019,19(1):56-60.

[40] 米玛卓嘎,次仁德吉,尼琼.西藏公路交通气象灾害服务系统[J].西藏科技,2019(5):77-80.

[41] 张晓辉,谭国明,王朋朋,等.承德境内高速公路交通气象服务分析[J].石河子科技,2019(2):33-37.

[42] 李楠.智慧监控在高速公路信息化中的应用[J].中国交通信息化,2019(5):32-34.

[43] 樊莹莹.智慧高速公路发展浅析[J].中国交通信息化,2019(7):95-96.

[44] 孙玫玲,任丽媛,王宏蕊,等. 天津高速公路交通气象灾害及预报预警技术研究与分析[J]. 天津科技,2019,46(8):81-84.

[45] 赵东慧. 智慧交通在高速公路中的应用研究[J]. 无线互联科技,2019,16(15):131-132.

[46] 梁燕. 浅谈灾害性天气影响下的公路交通气象服务[J]. 科技风,2019(25):132.

[47] 宋金萍. 大连公路交通气象信息预警服务系统的研究与开发[D]. 大连:辽宁师范大学,2018.

[48] 曹英闯. 智慧公路建设中物联网技术应用浅谈[J]. 中国交通信息化,2019(9):133-134,136.

[49] Ben DuBose. New Smart Road Technology Connects Rural Communities[J]. Materials Performance,2016,55(11).

[50] Krispel S,Maier G,Peyerl M. The Influence of Concrete Roads On Safety and Energy Saving In Tunnels [J]. Adv. Civ. Eng. Technol,2018.

[51] 于萍. 智慧公路车路协同系统的发展探讨[N]. 中国计算机报,2018-11-26(015).

[52] 刘帅. 智慧公路物流公共信息平台构建关键问题研究[D]. 重庆:重庆交通大学,2018.

[53] 赵小龙. "5G+共享"打造陕西第一条智慧高速公路:陕西铁塔智慧交通解决方案探索与实践[C]//中国通信学会无线及移动通信委员会. 2017 全国无线及移动通信学术大会论文集. 北京:人民邮电出版社,2017:4.

[54] KUENZEL R,TEIZER J,MUELLER M,et al. SmartSite: Intelligent and autonomous environments, machinery, and processes to realize smart road construction projects[J]. Automation in Construction,2016,71.

[55] LENNON A,OVIEDO-TRESPALACIOS O,MATTHEWS S. Pedestrian self-reported use of smart phones: Positive attitudes and high exposure influence intentions to cross the road while distracted[J]. Accident Analysis and Prevention,2017,98.

[56] PAVEL M,JAN M,PETR F,et al. A Harmonized Perspective on Transportation Management in Smart Cities: The Novel IoT-Driven Environment for Road Traffic Modeling [J]. Sensors (Basel, Switzerland),2016,16(11).

[57] 崔显成. 我省建筑施工的若干气象条件分析[J]. 吉林气象,2003(2):44-45.

[58] 赵淼. 辽宁公路交通气象预报方法研究[D]. 兰州:兰州大学,2015.

[59] 杨晓丹,狄靖月. 天气现象影响公路低能见度的特征[J]. 科技导报,2013,31(32):58-63.

[60] 徐虹,朱爱荣,张宏,等. 高等级公路秋冬季大雾的气候分析和概念模型[J]. 陕西气象,1999(2):17-19.

[61] 袁成松,卞光辉,冯民学,等. 高速公路上低能见度的监测与预报[J]. 气象,2003(11):36-40.

[62] 黄政,袁成松,包云轩,等. 基于不同参数化方案的高速公路大雾过程的数值模拟试验[J]. 气象,2016,42(8):944-953.